活得有趣，

才有心情去走人生的坎儿

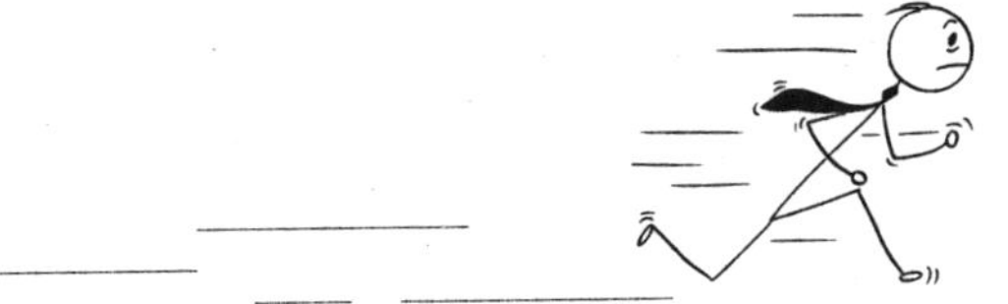

好看的皮囊千人一面 有趣的灵魂万中无一

黎芫 著

台海出版社

序

你就是自己的太阳，光芒万丈

你喜欢晚睡，你习惯发呆，你说你会好好生活，可时间一天天过去了，一晃就是一年，你还是毫无改变。你说你正在制订完美的人生计划，你说你正在给自己加油、打气，你说你从明天开始一定好好生活，可是一个又一个明天过去了，你仍然在计划，仍旧在准备。

人生的路很长，可是你会发现一天比一天过得快；人生的路很窄，可是每个人都能走出不一样的轨迹。是啊，每个人的人生都是不同的，即便是长得很像的双胞胎，也注定会拥有迥异的人生。所以，长得怎样并不是人生的关键，再好看的皮囊也不会让你复刻出别人完美的人生。

而且，每个人对“好看”的定义是不同

的，有的人喜欢牡丹，有的人偏爱玫瑰；有的人欣赏筋骨匀称的力量，有的人热爱肉体丰腴的诱惑。所以，不要执着于你不曾拥有的所谓“好看的皮囊”，而应该更多地去感受自己的心，欣赏自己的灵魂。正如英国诗人王尔德所说：“这世上漂亮的脸蛋很多，有趣的灵魂却很少。”

灵魂本身是一个虚无缥缈的东西，可正因为它虚无缥缈，反而可以不受限制地遨游宇宙。人生的路很长，大部分的时间庸常且无聊，何不让你的灵魂飞升起来，去拥抱阳光。

平淡生活里，给自己洒一些阳光，把生活过成诗，自己做自己的太阳！

目录

Part 01

你是在生活，还是在凑合？

Part 02

没有自我的人，自我感觉都特别好

Part 03

不怕被人利用，就怕你没什么用

Part 04

没人喜欢你？那你好好反省一下！

Part 05

没有什么伤害会永志不忘

Part 06

最好的爱情，一撩就是一辈子

低配生活，正在毁掉你的人生

Part 01

你是在生活，还是在凑合？

你都没努力过，怎么好意思说放弃

29岁的小米是一家公司的行政助理，按说小米从毕业至今已经有不少的工作经验了，可是年近30的她却依旧待在行政助理的职位上，虽然每天她都在忙碌着。

了解小米的人都知道她爱抱怨，上大学时她会抱怨课业繁重；工作后会不时地在朋友圈晒一些她苦兮兮的加班照，抱怨工作太累。

刚毕业那阵，小米在一家出版公司当责编，她会在朋友圈里给大家分享一些不错的读物。没多久，朋友们经常会在晚饭后刷到她仍在加班的消息，下面不乏点赞和各式评论。了解小米的人大都只是点个赞，她们知道小米肯定是上班时间没有认真工作，导致工作进度滞后；或者是因为马马虎虎，使得稿件差错率太高，不得不留下来加班。

小米实在没有办法适应严谨的文字工作，便换了一份听上去很清闲的行政助理工作。开始新工作的前一个月，小米就好似打了鸡血般，每天在朋友圈发的都是各种励志的鸡汤文。就在大家庆幸小米总算找到适合自己的工作后，小米朋友圈的风格出现了180° 的转弯，不大不小的抱怨一个接着一个地来，加班又变成了她生活的常态……

现在，小米又在考虑换一份适合自己的工作了。

找一份自己喜欢又适合自己的工作，这对职业目标不明确的人来说，是一个超级大难题。因为不明确什么工作适合自己，就会去尝试，可在尝试的过程中，依旧有人会给自己找一系列的借口，有了这些借口，大家就可以名正言顺地不去努力了。

这个世界不会为任何人量身定做一份工作，也不会为任何人定制人生。在你不懈地寻找适合你的工作时，想想你自己曾经付出过几分努力？你都没有付出过半分的努力，怎么可能全身心投入工作中，怎么可能真正了解自己是否适合这份工作，又怎么好意思一遍一遍地放弃？

不得不说，这世界上有的人活得光鲜亮丽，有的人活得鸡飞狗跳。但真正努力过的人，能过好每一种人生。

小凡一直在上班之余打理着一家淘宝店，店铺主要经营各式存钱罐。小凡的朋友都觉得她的做法太low了，什么年代了，还会有人买这种土得掉渣的肥猪存钱罐？好心的朋友们还给小凡出起了主意，有人让她代理品牌服饰，有人让她去找厂家进一些品质较好的童装。小凡也有点纠结，但碍于资金紧张，她决定先把现在的店经营好再说吧，毕竟自己没有任何经验，这种投入少的方式最适合自己。

因为没有太多的资金可以投入，小凡店铺接到订单后，都会直接传给厂家，由厂家代发货给顾客。可能连她自己都想不到，自己小店的生意还挺像模像样的。一个月下来，虽然挣的钱并不够维持生计，但是完全足够支付家里的日常开销了。

有了一定的利润后，小凡开始自己给顾客发货，她给自己的小店配置了一个小仓库，店里的客流量也逐步稳定下来，每逢旺季还能小赚一笔。当然，小凡为此付出了一些代价，她每天晚上都要忙着打包发货，查点库存，与客户沟通……休息时间大大压缩，更别说娱乐了。

小凡的朋友们依旧看不上她的淘宝店，私底下议论着：“小凡的小店挣那点钱够干什么的？”“真不知道她每天在想什么，好好的日子让她过得一点趣味也没有。晚上没事儿跟大家聚聚，一起泡吧，一起唱歌多好，她到底图的什么呀？”

而在小凡朋友闲聊调侃她的时候，小凡已经寻找到了新的资源，并开始为新的小店做规划了。

没有人喜欢浪费时间，更没有人会喜欢牺牲宝贵的休息时间做自己不喜欢的事，但生活就是这样，不喜欢又怎样？做不喜欢的事情更能让自己学会自律，更能让自己懂得坚持。当你坚持下来后，你也会看到做不喜欢事情背后的意义。

没有人能一直做自己喜欢的事。在这个世界上，有许多人都正在做着自己不喜欢的事情，并且一直很努力。就在其他人都在凑合着，或者在到处寻找所谓的理想生活时，这些人选择了一条最难走的路，努力着，打拼着，坚持着。

电影《蝙蝠侠之黑暗骑士崛起》中描绘了这样一个情节：

在一个幽深、暗黑的地下世界中，困着很多被放逐在这里的人。连接外面的唯一通道，就是他们头上的一条狭窄幽长、四壁光滑的井道。透过这井道，外面的光亮无时无刻不在召唤着深井下的人们，可人们却出不去。

尽管很多人系上绳索，沿着零星几处突出来的岩石慢慢往上爬，但总也到不了与周围石头距离最远的那块石头。每到此处，他们都会因跳跃不上那块石头而掉下来，功亏一篑，但是他们告诉自己：没关系，我们身上系着绳索，即便掉下去，下面的人也会拉着我们，我们不会死，还可以从头再来。所以，他们一次又一次地重复爬着，可一次都没有成功。这其中包括一个瘦小的女孩，她同大家一样，总是够不到那块最远的石头。

一天，她决定再试一次。令人惊讶的是，她解掉了身上的绳子。大家瞠目结舌，因为小女孩一旦不成功，就会掉下去摔死，就不会再有下次了。

可是小女孩还是爬了上去，站在那块石头前，她没有后路了，这一次必须成功，否则就是死！就是这一次，她跳上了那块石头。

不屈服于生活，不屈从于现实，小女孩不愿意一辈子在黑暗中度过，所以她比所有人都更努力，并且在一次次努力都没有成功后，选择让自己破釜沉舟，背水一战。

聪明的人很多，努力的人也很多，能在一件事情上持久努力的人却很少。只要信心稍有动摇，心生“还有下一次”的侥幸心理，那就不是真的努力，而是做好了放弃的打算。

年轻时的努力是一辈子最美好的回忆，再成功的人，总会怀念自己奋斗途中的点点滴滴。虽然这些点滴的回忆夹杂着诸多苦涩，但它比你买到限量版的包包，换豪车、换别墅更值得赞颂，更值得纪念。

这个社会有机会，有捷径，却僧多肉少，而靠努力艰难前行的人却少之又少。努力的路还很宽，别总想着挤破脑门去走捷径，在努力的路上走走试试，你真的会磨炼出很好的品质，会忘记什么是放弃。

自己都养不活，还谈什么梦想

“不要向生活妥协，大胆去追求自己的梦想。”“生活不能凑合，不想要的生活就不要过。”类似的话我们读过不少，可这样的话出自哪位名人之口？你想过没有，说这句话的“大师”，现在是正忙着在纽交所敲钟，还是正蹲在电脑旁等着外卖小哥迟迟未送到的午餐？

能实现的梦想才是现实的梦想。细数一下，我们从小到大到底有过多少梦想呢？上小学、中学时，一个班的30个学生里，10个人想当老师，10个人想当科学家，剩下的10个人也都是想当医生、企业家等。即便这30个学生中有一半的人是在跟风随众，那现在没有美梦成真的人也比例巨大。小时候的梦想是梦想，却不一定是想要坚持一辈子的梦想。人的世界观的形成有早有晚。小说中的男女主角资质过人，三岁就能确定了自己长大后要干什么，可我们资质平平，再明确的梦想也不要与现实脱节。所以，别再傻傻地给自己打气，别再相信只要坚持，梦想就能实现。当你自己都养不活自己的时候，坚持梦想的行为就有些幼稚了。

从全民互动的选秀节目《超级女声》播出以后，“选秀”两个字在大多数人眼中已经不再陌生，而通过选秀成名也成了许多人的“梦想”。

每到寒暑假，各大电视台、栏目组就忙活起来了，招募练习生、选秀生的通告满天飞。这些通告的目标人群是在校大学生和一些高中生，因为这一年龄段的人是各类粉丝群的主体，他们追星，也梦想自己能成为明星。

小佳就是经验丰富的明星粉丝，她追星，也希望自己能一夜成名。上大学后，她毅然决定参加选秀，于是向家里要了一笔钱。她先给自己购置了几套演出服，各式的彩妆也一样不少地买了回来，这些就花掉了她选秀资金的一大部分。接下来就是去各类选秀节目报名，去往选秀活动花掉交通费、住宿费等。

小佳在她的家人和朋友眼中是个实打实的美女，而且歌唱得也好，可选秀圈里最不缺的就是美女，唱歌好的更是一抓一大把。你永远不知道评委们会如何点评你深情的演出，也不会知道你在观众眼中到底是个怎样的存在。

小佳足够优秀，她在第一次海选时就通过了，并且顺利拿到了进录影棚的机会。虽然后来没有晋级，但是她将这次录影看作自己第一阶段的成功。得知节目要在电视上播出，她通知了几乎所有的亲朋好友，当她拉着自己的父母在电视跟前看完所有的节目后，她才不得不承认，自己被剪掉了的事实。

但小佳坚信“是金子迟早会发光”的至理名言，在她的软磨硬泡下，她又从父母那里拿到了第二笔“选秀资金”，她要从哪里跌倒就从哪里爬起来。两年内，小佳参加了大大小小的各式选秀节目，大部分都在海选时就被淘汰了。有好心的评委会说：“你长得漂亮，唱得也很好，可问题就在于你漂亮得太普通，歌唱得也太普通。”

这样的结果让小佳很茫然，而她的父母劳碌了一辈子，也不知道如何给女儿提供帮助，只能暗自叹气。

梦想是遥远的，也是昂贵的。明星梦对大部分人来说都只能是梦。明星是风光，但是明星不好当。明星梦是个好梦想，却不容易实现。别以为你追求着梦想就是在努力着，在认真生活。你谈梦想的时候考虑过家人吗？考虑过梦想也需要吃饱了、穿暖了才能去实现吗？在自己都养不活自己的时候，坚持梦想就是不实际的，不如趁早放弃。毕竟，20岁的你，靠50岁的双亲辛勤工作来养活，哪还好意思谈梦想！

梦想应该是美好的，励志的，应该是能给你的生活一个既定方向的。有了梦想的指引，你所付出的每一点努力都是有重量的，哪怕没有荣耀，哪怕还没有体现出价值。

小婷的梦想是开一家自己的咖啡店，不过她缺少启动资金，只好先从门槛较低的网店做起。开网店是很容易，但是要在众多网店中脱颖而出就非常难了。为此，小婷没少下功夫，想了不少办法。

首先要保证咖啡的质量，无论是咖啡豆、咖啡粉，还是各种冲泡咖啡的器具，小婷都是从原产地和正规的厂家进货，所以小婷的网店从一开始就拥有了好口碑。其次要多做有效宣传，小婷联系了不少颇有名气的微博博主和微信大号，将自己的咖啡粉寄给他们，请他们在品尝后帮助宣传。

此外，小婷还会将自己拼配的咖啡粉以比较优惠的价格提供给大学、写字楼周边的书店、西餐厅，请他们帮忙推广。诸如此类的办法，小婷真是没有少想。

如今，小婷的网店开得有声有色，实体咖啡店的筹备工作也已经提上了日程。

生活是琐碎的，靠近梦想、实现梦想的路也是琐碎的。带着梦想勇往直前的同时，要时刻提醒自己，你对梦想的思考要远远大于你对梦想的向往。这并不是说要你知难而退，而是要你不断地细化梦想，不断地对梦想加深理解，毕竟，你在为梦想勇往直前时，你会对梦想了解得更多，也会更好判断这是否是一个值得你拼上一切的梦想。

时光易逝，不要只盯着别人的风光，不要将别人所获得的助力理解为理所当然，这些只是你想要凑合、想要逃避的表现。心平气和地向前走吧，从最基础、最普通的事情做起，告诉自己，先把自己养活了，再去努力实现梦想！

最致命的，是把自己活成了段子

像往常一样，手机闹铃第三遍响起后，小新挣扎着爬了起来。但她并没有起床，而是拿起床头的手机机械地浏览起朋友圈来。因为昨晚睡得很晚，朋友圈的更新很少，几分钟的时间，小新完成了点赞和评论任务后，又打开微博开始刷。终于在第四遍闹铃响起后，小新依依不舍地放下手机，起床收拾。

像往常一样，小新快跑着下楼赶上八点半之前的最后一班公交车，因为错过这班车的话她八成会迟到。气喘吁吁地上了公交车后，她又拿出来手机开始刷微博。幸好不堵车，小新准时在九点钟打卡上班，跟同事打好招呼，她就去楼下的食堂吃早餐。

小新的工作单位是一家效益一般的国企，但对于小新来说，这样稳定的工作最适合不过了，她每天的工作没有什么技术含量，而且有很多空余时间刷微博、刷朋友圈。虽然小新每个月交了房租后，剩余的工资不足3000元，但她很知足，一个女孩，单位有五险一金，还免费提供一日两餐，对于懒得想吃什么的她再好不过了。工资虽然不多，但是单位有季度奖金、年终奖金，可以用来应付她的一些计划外开支。

小新依恋着这种安稳的生活，虽然她也羡慕同学能随随便便就买一款奢侈品牌的包，每年最少去国外旅行一次，但她还是不舍得放弃自己的“铁饭碗”。她想着自己如果跟同学一样在外企打拼，10年还好，20年后还会有精力去打拼吗？还是守着这份能养老的工作安稳度日吧。

像小新这样的人有很多很多，或者他们的收入远高于小新，或者还不如小新，但他们大都以安稳度日为基本原则，将自己漫长的人生和职业生涯局限在这一种可能上。但这世界上最致命的，莫过于这种凑合的生活，这种生活无异于将自己活成了一座孤岛，一个八卦的谈资、闲聊的段子。

年初的时候，有这样一则新闻报道，是说唐山市取消了周边的路桥收费站，这一消息对于大家来说本来应该是好消息，但是对于那些在收费站工作了很多年的员工来说，无异于一个“噩耗”。

“我除了收费，什么都不会，我都已经36岁了！……”

听到这样的话，你作何感想？一个36岁的年轻人，说自己只会收费，这是在抱怨自己已经年迈呢，还是在抱怨自己能力不足？能走上这个岗位的人，大多都受过高等教育，只是现实的安逸让他们选择了颓废，选择了止步不前。

36岁是一个人思想相对成熟的年龄，应该是有想法、有冲劲的年纪。这个年纪的人更多的是在为走上更好的平台努力打拼着。他们的人生规划中会有学习、进修、升职、跳槽，会有一个接着一个的目标，而绝不应该出现“不会”两个字。

铁饭碗曾是许多人的追求，可如今，最危险的工作莫过于舒适、安稳的铁饭碗，即便曾经的铁饭碗已经破漏不堪，也仍有人死死握住，不肯松手。

某地的一家工厂，在改革开放初期效益好得惊人。当时工人的平均月收入不足100元，而这家工厂的工人，月工资能达到1000多元。当地市民都非常向往能成为这家工厂的工人。但是随着国内经济的飞速发展，不到10年的时间，该工厂的效益开始出现断崖式下跌，工厂开始大量裁员，而那些没有被裁掉的工人，工资从此就固定在了1000多元。可就是这样的工资水平，竟然还有不少工人一直到2000年都不舍得辞职。

“职业没有贵贱，但我对台大的学生有更好的期许。”这是台湾大学的校长李嗣涔说的，缘起于台大的一位毕业生选择了做一个展场模特。

每个人追求什么的行为都是自由的，你不需要顺从别人的意志，也不需要介意别人的眼光，但是，这种追求的自由也不是毫无限制的。展场模特也有风光的一面，也是在为社会贡献着自己的力量，可作为台大的毕业生，作为接受了台湾地区最高水准教育的优秀青年，本可以在专业领域为社会贡献更多的力量。无论是出于责任还是理性，年轻人都应该优先选择适合的职业，而不是比较风光的职业。

但是现实总是不尽如人意，很多时候，一些年轻人的追求令人咋舌。2012年，哈尔滨环卫系统向社会公开招聘457个环卫工勤岗位，当即就吸引了超过10000名的应征者，经过初选之后，大约7000人进入最终竞争环节，其中包括3000余名本科毕业生，29名硕士生。

这些高端人才的追求让人意外，似乎又在情理之中。也许当前，公务员编制真的引人神往，但即便是有更完善的福利制度、更优越的薪金待遇，我们也不应该寻求严重背离自身价值的职业。为什么哈佛大学百年名校声誉不倒，因为每一个哈佛人都以自己接受的优等教育为荣，都以毕业后能够实现更多的人生价值为准绳，都以能为社会贡献更多的力量为行事原则。

每个人接受的教育程度不同，所蕴含的价值各有差别，正因为如此，我们才不要把自己“贱卖”了，才要找到那个契合自身价值的位置，让我们之前所接受的教育不白费，让我们付出的一切辛苦都有意义。

“稳定”“高收入”“有保障”，这样的关键词就好像温水煮青蛙般让人们忘记了生活的初衷，让很多人的意志力被消磨掉，陷入安稳的温床中。

鲁宁在大学期间学习的是食品专业，这是个专业性比较强的专业，毕业后他理所当然地进入食品公司工作。但是鲁宁并不这么想，他觉得食品公司的待遇不是很好，他要找一份高薪工作。既然当初进大学时没选对专业，那现在自己一定要选一个有发展的朝阳行业。

鲁宁看到大量的网络公司兴起，招聘信息铺天盖地，待遇相对普通公司也很有优势，他就心动了。起初，他只是抱着试试的态度去应聘了一家公司，没想到很容易就被录取了，而且工资比同学在食品公司的工资足足高了1000元钱。

较高待遇的诱惑，让鲁宁觉得自己赢在了起跑线上，他毅然决然地放弃了自己的专业，投入这个自己一无所知的行业。

起初，鲁宁想着虽然是网络公司，但是自己从事的是销售工作，各行业的销售技能应该是相通的，只要自己略学一些相关的知识，其他的完全可以边做边学。然而，事实并不如他所愿，隔行如隔山，尽管网络这一行业有着巨大的发展前景，但是竞争也相当激烈，因为这一行业属于朝阳行业，所以越来越多的人争相加入。鲁宁还没有度过自己的适应期，就被这一波波的竞争冲击得昏头昏脑，工作得始终不是很顺利。两年下来，他的待遇非但没有预期中的提升，反而有些缩水，原本的雄心壮志也早就被磨灭殆尽了。

随着网络公司的大量兴起，行业内的饱和状态导致了大批中小公司倒闭或裁员，而鲁宁因为业绩平平，所以也被自己的公司列入裁员名单中。

失业的鲁宁承受着巨大的压力，他不得不重新寻找食品行业的工作，他没有为自己制订任何计划，而是随意选择了一家最早同意自己入职的中等规模的民营食品公司，然后就在这家民营公司工作了近三年。民营公司的业务范围比较窄，鲁宁对公司一直不满意，此后他便开始频繁地更换工作，但是总是因为种种不满意而无法长期在一家公司任职。

而与此同时，和鲁宁一起毕业的同学已经是一家食品公司的大区经理了，而鲁宁却依旧在为寻找合适的工作一次次地奔波面试。

鲁宁毕业初期对自己的工作前景一片茫然，他并没有考虑自己未来的职业规划，只看到眼前的待遇，只看到一时的收入差距。所以在经过一系列的波折后，他又回到了职业生涯的起点。其实鲁宁如果在毕业之前就计划好进网络公司，提前学习一些基础知识，或许他的路走起来会更顺利一些。

成功的人之所以成功，就在于他们都善于把握努力的方向。无论他们做什么，都是在向着既定目标努力。而大多数匆匆赶路的人，根本不考虑方向问题，难免会去一些根本不值得去的地方。没了方向，努力便失去了意义。所以，不要羡慕别人的成功了，回头看看自己走过的路，是不是在不经意间偏离了目标轨道？找准方向再努力吧，别把自己的人生活成了段子！

低配生活，
正在毁掉你的人生

每当上下班的时间，路上总能看到很多妆容精致、踩着高跟鞋、穿着干练职业装的女性，她们优雅地拿着外卖咖啡，走在最繁华的CBD商圈，走进几十层楼高的高档写字楼。

然而，当8小时的工作结束后，当她们走进人满为患的地铁里、挤进拥挤不堪的公交车上时，维持了一白天的精致开始远离她们。一起下班的几个人互相发着牢骚，独自走在下班路上的人也拖拉着高跟鞋，浑身写满疲惫。

不得不说，现在很多人习惯将低品质的生活掩藏在精致的妆容之下。小美就是一个这样的女孩，她在工作时间总是能保持妆容的精致，与同事一起吃饭时也都很讲究，可当她回到自己的房间后，就将“精致”二字关在了门外。

如果不看房间那碎花图案的窗帘和颜色鲜艳的沙发，很多人不愿意相信这是一个女孩子的家。沙发上，干净的和换下的衣物杂乱地堆放着；茶几上，水壶旁边是一双不知什么时候扔在那里的丝袜；餐桌被用过的碗、筷及方便面盒子占据着；地板上一层薄的尘土上满是拖鞋的印子……

这种出门光鲜一时的生活是很多人最平凡的写照。毕竟，在大多数人看来，表面上光鲜靓丽的人，私底下大都过着精致的生活。其实不然。精致是由内而外的，精致是不做作，是不跟风、不扭捏。过精致的生活不需要像二战期间巴黎女人从买面包的钱里抠出一个硬币买一束花回家那么费劲儿，只需要做到看上去光鲜亮丽，私底下也不糊弄就可以了。

生活就是过日子。“过日子”这三个字并不浪漫，并不美好，更多的人从“过日子”里看到的是柴米油盐，是忙不完的家务活。可总有一些人，不仅能将工作做得有声有色，家务也能料理得井井有条。

许悦就是这样一位女性，不熟悉她的同事都不相信她是已婚女性，更不相信她是两个孩子的妈妈，因为她穿衣打扮的风格、工作上雷厉风行的作风，跟传说中的“黄脸婆”毫不搭边。

同事在到许悦家做客后，对许悦更加钦佩，因为许悦的家太温馨了。虽然她住着很平常的房子，家里的装修也很普通，但走进她家就是能感觉到满心满眼的温馨。一个用完的玻璃瓶洗净装水后，插上两枝绿萝装饰着烟火味十足的厨房；橱柜角落的玻璃罐子里整整齐齐地码放着各式食材；冰箱门上贴着各式冰箱贴，上面有手抄菜谱和一些温馨的句子摘抄。

招呼同事们吃完简单美味的一餐后，许悦随手打开音响，播放着舒缓的旋律，她自己则戴上手套后哼着歌，又进了厨房。一会儿工夫，她端出一碟摆盘精美的水果。

不得不说，我们中的很大一部分人都倾向于让自己的生活保持快节奏，而越来越快的节奏不仅没有真正提高生活质量，反而让自己的焦虑感增加了。无论做什么事，我们都被快节奏和焦躁感控制着，只担心时间会被浪费，只看到自己想要争取的，而将眼前的生活过得支离破碎。

高配置的生活来源于生活，但并不高于生活本身，而是时刻穿插在我们的日常生活中，继而内化成生活本身。正如尼采所说：“每一个不曾起舞的日子，都是对生命的辜负。”

有这样一则新闻，虽说是新闻，可是却并不新鲜，因为这样的事情我们都曾见过或听过。一个34岁的女孩，硕士毕业，还是个兼职摄影师，她的父母也都算是知识分子。可当她去相亲角相亲时，却遭到了各种嘲讽：“硕士学位没有用，女子无才便是德。”“你这种情况，相当难嫁。”一个自己的儿子连工作都没有的老太太都对她表示出了嫌弃。

更有甚者，一位中年男子在相亲角侃侃而谈，将高学历的未婚女子比喻成“房子”。他毫不掩饰地说：“现在这个婚恋市场是很现实的。对于未婚男女来说，男的就是银行卡，只要有钱，就可以买房子，而女的就是有价的房产。长相差不多的女人，如果年龄还小，又没结过婚，就算是还不错的‘户型’。但女人但凡过了三十，不管条件怎样，她的身价都得打折了，只能算是远郊区的房子了，更多的是被男人视为‘备选’。”

即便被比喻成房子，这位女硕士还是坚持不懈地去相亲，只要有时间，她不是在去相亲的路上，就是正在相亲。身边的人都劝她：“你这样做，不是自降身价吗？”可她却不这么认为：“我都这么大年纪了，哪儿还有资本说什么降不降身价啊，再拖下去，更是嫁不出去了。现在我就想着，放低要求呗，找一个差不多能将就的就行了。”

这位女硕士的话让大多数女人都心有戚戚。一个接受了高等教育的现代女性，只是因为自己年纪大了，就决定以仓促结婚的方式“毁”自己，将自己以后的人生置于种种不确定因素中。这种行为本身就是没有自我的表现，在给自己今后的人生埋雷。

就算最后相亲成功，两个人步入婚姻，只要继续以这种心态去生活，婚姻也会是低质量的。这种低配的婚姻、低配的生活，根本就是一座心的牢笼。

结婚不是生活的责任和义务，只是生活形式上的一种变化。如果婚后生活的重心发生了严重偏离，那这种婚姻生活就是低配的生活，还不如维持单身状态好。

人生的每一步都是一次选择，每一次选择都不要降低要求、降低标准、降低目标。有的人想在工作岗位上大展宏图，碰壁几次后就心想着无所谓了，只要能按时发工资，差不多就行；有的人想去健身，想去学习烹饪，想去过精致的生活，结果没坚持几天，还是觉得床上躺着舒服，外卖叫着方便，反正饿不到就行；有的人想着要嫁给爱情，也不去拓宽自己的交际，后来年纪大了，家里又催得紧，心想算了吧，找个差不多的凑合凑合。

你总在降低自己的标准，总是退而求其次，以为这样会活得更好，但其实失去得更多。

有人说：“社会是现实的，如果你没有背景，就没有出头之日。”也有人说：“我这样清闲的生活不也挺好的吗？”这样不负责任的想法，就是在降低自己的生活标准。

对于很多人来说，除了干着低配的工作以外，还过着低配的生活。有些人的生活过于简单，简单到一个狭小的空间、一部智能手机，再加上WiFi就可以过一周、几周甚至一个月。便捷的网络通信方式带给人的除了简单、便利外，还有消极和颓废。

宁宁曾经是个漂亮、气质好的女孩，还一度被大学同学评为班花。毕业后，她不想做上班族，就想在家待着，于是她回到了家乡那个小县城，靠着父母的接济，再加上一点做微商的收入过日子。如今才30出头的她竟然憔悴得如同中年妇女。

县城里都是些年纪比较大的人，她也没什么朋友，就在家宅着，很少出门和别人交流。白天呼呼大睡，晚上精神满满，经常通宵看电影，无节制地吃各种垃圾食品。

也许是太长时间没有和人沟通，跟她说话的时候，她的眼神总是飘忽不定，显得漫不经心，整个脸色也差到不行。

这种低质量、长期宅在家的生活，完全改变了她的性情和外貌，甚至可能影响她以后的人生。

蔡康永说过一段很有名的话："15岁觉得游泳难，放弃游泳，到18岁遇到一个你喜欢的人约你去游泳，你只好说我不会；18岁觉得英文难，放弃英文，28岁出现一个很棒但要会英文的工作，你只好说我不会；人生前期越嫌麻烦，越懒得学，后来就越可能错过让你动心的人和事，错过新风景。"

所以，不要总是选择低配的生活，不肯走出来，也许试一试就会发现不一样的景色，会发现高配生活的精彩。别说什么年纪大了，也别给自己定义为能力不够，只要愿意去尝试，高配的人生总会属于你。

谁不是一边活得很累，一边努力活着

“生活不可能像你想象的那么好，但也不会像你想象的那么糟。我觉得人的脆弱和坚强都超乎自己的想象。有时，我可能脆弱得一句话就泪流满面；有时，也发现自己咬着牙走了很长的路。”这是莫泊桑《一生》中的话，也是很多认真、努力活着的人的心声。

电影《搏击俱乐部》中，正值中年的男主角杰克患上了严重的失眠症，而这一病症源于他不得不承受的来自工作和家庭上的压力。

为了缓和失眠症，杰克去了一家互助会，那里都是和他一样饱受疾病折磨的人。大家聚在一起诉说各自所承受的痛苦，以求得心灵上的解脱。当一位病友向大家哭诉自己妻子弃他而去的故事时，大多数的人都沉默了，原来当自己以为自己活得太难时，却不知道有人过得更惨，比自己不幸的人大有人在。生活中不幸的人各有各的不幸。

很多人，即便在崩溃的边缘都是默不作声的，看起来每个人都很正常，大家都说说笑笑，忙忙碌碌，努力融入社会，但在表面的平静下，内心的糟心事早已堆积成山。是的，每个人都很累，只不过大家都是成年人了，不能因为累就撂挑子不干，不能因为自己悲伤就表现得歇斯底里。即便你感觉自己接下来的某一秒，负能量会累积到极致，那也要忍着，还要更努力认真地活着，怎么也不能真的崩溃掉。

生活都是这样，每个人都是这样，微笑着的脸庞下藏着千疮百孔的心。可是生活依然要继续，总有一个活得比你惨的人在积极地活着。所以，累了不要紧，停下来歇会儿，但一定不要就此止步，生活一定要继续下去。

“很用力，很用力地活着，却感觉那生活不是自己想要的。”这样一个简短的微博，吐露出的却是最真实、直白的心声。用力活着，这不仅仅是需要努力，而是需要拼命努力，可即便拼命地努力着，也依旧会有累的时候，有迷茫的时候，有失败的时候。

相信能把这句话说出来的人一定不会轻易放弃自己的选择，最初的选择也不会是随随便便做的。有人会说选择比努力更重要，可选择后，坚定地努力下去却更重要。选择了、决定了，就告诉自己，路再难走，也要继续，即便累趴下了，歇一歇后也要接着走完。努力、再努力一下，一切就会顺起来。

刚学走路的孩子，没有不走得磕磕碰碰的。磕碰过、疼过，才知道路应该怎么走。而生活，就是在不断的犯错、更正和努力中继续着。

恋爱、结婚是人生的一项大事业，在这项事业中碰壁的人太多。失恋、抑郁、自卑让很多人只看到了人性的阴暗，活着太累，累到不想活下去的也大有人在。

一位偏胖的女孩，身高162厘米，体重69千克，长得挺漂亮，性格也活泼开朗，可经历过一段感情后，她的内心变得脆弱不堪。她交往了一年的男朋友，有一天突然对她说不喜欢她了，因为他的父母反对他们交往，他自己也觉得女孩家境一般，身材不好，仅有的一点好性格还不足以让男孩下定决心娶她。

女孩在无故被甩后，几次都想寻死，但为了生养她的父母，她最终放弃了寻死的念头。

后来，家里安排她相亲。好几个相亲对象都觉得她性格很好，但最后都不愿意和她有进一步发展，因为他们都“不喜欢太胖的姑娘”。

在相亲的过程中，出现了一位离过婚还带着小孩的中年男人不嫌弃她胖，当然，他没有资格嫌弃。相处一段时间后，中年男人想让她减肥，为此两人大吵了一架。男人离去时放下狠话：“不自爱（减肥）的女人，不配有男人喜欢。”

朋友对她说：“这样的男人不要也罢。”但她还是忍不住整天以泪洗面，心情沮丧，不肯上班，也不愿和朋友在一起，就只把自己关在房间里，偷偷地哭。

她的爸妈还骂她：“就知道你是个没人要的。”她又想到了死，在她看来，这个世界没有一点善意，活着太累了。在决定自杀的前一刻，她放弃了，她在想：“我连死都不怕，为什么还怕活着？”从此女孩下决心认真生活，努力工作，管理好自己的身材。

女孩状态越来越好，并瘦身成功。这时一下子就冒出了很多的追求者，她曾经的男朋友也频繁出现在她跟前。女孩没有为任何人心动，她的美丽不再是附庸者的美丽，她要美得自信，美得发光。女孩爱上了努力的感觉，在她看来，不努力的生活是无聊的，她将自己的精力投入学习和工作中，最后不顾家人的反对，毅然去国外进修。如今，她事业有成，也嫁给了爱她的男人。

人都是感性的，喜欢将对错看得界限分明，但为了能努力活着，就得学会成熟。这里的成熟不是圆滑，不是偷奸耍滑，是一种自我调节的心理状态，是一种不丢掉初心的坚持。这个社会、这个环境，每个人都已经很累了，成熟一点，其实是方便他人也方便自己。

有些刚毕业的人，在还未找到工作的时候，大都不好意思跟家里伸手。有时生活窘迫，压力很大，连叫个外卖的钱都没有，时常慨叹："活着太难了。"

年轻的时候，接二连三地经历挫折和困难，就觉得活不下去，想一死了之。其实死是这个世界上最简单的事情，活着才是最难的，从某种意义上说，每个人的存在都是一种"奇迹"。

生命中尽管有众多的不如意，但要看开点，我们都还年轻，未来的路还很漫长。有时候，不妨试着跳出困境，俯瞰人生。每个人都是如此，能来到这个世界，真的很不容易，能做出成绩，让世人记住，更加不容易。在感觉累得活不下去的时候，想想自己的理想和目标，把情绪从困境中解脱出来，去努力，去创造，幸福感和价值感自然就会到来。

你看起来很忙，怎么还是那么穷

美国篮球明星科比在接受采访时曾反问记者：“你知道洛杉矶凌晨四点是什么样子吗？”这一经典式的反问曾一度频繁地出现在朋友圈中。如果你身边有一位努力了很多年，却依旧表现平平的朋友也说出这么一句话，你不妨试着反问他：“你凌晨四点的时候在干什么？”想必你可能得不到答案，因为在给他发完这条信息之后，你会发现自己已经被拉黑了。

小果是一家上市公司的中层管理者。她大学毕业时间不长，但专业能力突出，所以即便拿着丰厚的薪水，也没人说三道四。

一开始小果也很满意，毕竟她的工作除了忙，没别的毛病。可是工作了两年后，小果果断辞职了。她的朋友大都以为她找好了下家，可是聊了聊才发现，小果玩的是“裸辞”，她暂时不想考虑工作了，要好好玩一段时间。

这下，小果的朋友圈炸锅了，一堆人出来劝她：“什么情况？你要去玩一段时间？一段时间是多久？”“你知道现在经济形势不好吗？工作很难找啊！还是赶紧让自己忙起来吧！”

小果看了朋友们的花式留言，不知道如何回答，便回复道：“我这两年的工作实在太累了，每天加班到深夜，已经到了恋爱的年纪，我却连谈个恋爱都没空。”

“恋爱可以谈，可没必要辞职吧！”“既想要高薪，又想要休假，可哪有这么好的事啊？醒醒吧！”“小果，我们是为你好，世界这么大，哪里都一样。让自己忙起来吧，千万不要闲下来，忙起来是对自己最负责的状态！”……

一系列的回复让小果沉默了、纠结了。

认真生活的人都必须很忙吗？忙得没时间吃饭，没时间睡觉，没时间谈恋爱？应该不是的。

有位年轻的企业家，毕业于常春藤名校，他白手起家，创业之路总是顺风顺水。他没有抱怨过累，没有说过自己忙，虽然也有半夜工作的时候，可那样的日子都是数得过来的。他觉得自己虽然管理着很大的公司，但是跟普通的员工一样，朝九晚五就足以完成自己的工作。而如今，他的事业越来越成规模，自己可以随意打发的时间也越来越充裕。他不仅有时间和家人一起享受晚餐，还经常带着家人去世界各地度假。

有朋友曾经打趣他："世界上有那么多成功的企业家，很少听说有你这样，每天10点就早早入睡的？你也是心大得可以啊！"他却很认真地回答道："睡不到8小时还怎么保证健康？健康都不在了，还怎么好好生活？生活是最不能凑合的！"

他的这句话让人想起了大多数没有成功却一直很忙的人。并不是每位成功人士都在没日没夜地拼命，成功与否要看自己如何界定，并不是成功就一定要累成狗，每天累成狗却依旧在凑合活的大有人在。别为了所谓的认真生活而忙，有时候瞎忙只是看起来很忙，只是在浪费时间，没有任何意义。

有一对爱玩爱闹的姐妹花，她们就读于同一所大学，只是姐姐程程是广告系学生，妹妹宁宁就读于文学系。四年后，两人同时毕业，同时找到了工作，同时开始了社会历练。

一向同步的两个人，此时的人生轨迹开始不同步了。以前，特别喜欢玩游戏的姐妹两人总是一起联机打游戏。但是现在，姐姐程程整天早出晚归，白天根本见不到人，只有到了午夜时分，才能见到一脸疲倦的她披星戴月而回。而妹妹宁宁下班后依旧有的是空闲，她一个人没事儿就守在电脑旁，激情四射地打游戏，她也常常熬到午夜，只不过是在打游戏。

程程自从参加工作以来，从不请假，也不迟到早退，有时甚至生病了，她也会坚持带病上班。遇到节假日时，只要公司有急活儿，程程从来不会计较加班费多少，也没有抱怨多久没休息了，只是自觉加班将工作做到位。她将自己全部的业余时间都投入到了工作上，珍惜着能提升自身能力的每一分每一秒，努力进取。而做这一切都只是因为程程初入大学时就有要做一名出色的广告人的梦想。

宁宁也不是没有梦想，可她觉得梦想需要有一个很好的平台，她一个刚毕业的大学生怎么可能那么早实现梦想？她现在最需要做的是等待和适应，她需要时间来适应这个社会，她要在自己熟悉了这个社会后再着手去实现自己的梦想。所以，尽管宁宁也在上班，但她的状态跟上学时没什么区别，用来玩的时间所占的比重依然很大。很多时候，宁宁觉得公司没有什么事儿的时候甚至会翘班出去玩；事假、病假，能请假的名目，她几乎都用遍了；她还经常迟到、早退，当然也绝对不会加班。

一年后，程程被任命为设计部的副主管，公司领导对她寄予了厚望，程程回顾了自己辛苦努力的一年时光，没有觉得疲惫，反而觉得自己离梦想更近了一步。而宁宁工作了一年，基本上没有在工作上投入多少精力，反而因为贪玩占用了不少工作时间。因此在试用期刚刚结束，宁宁就被公司辞退了。

每个人都在为生活忙碌着，梦想的生活一开始都是空白的，万事开头难，只有全身心地投入进去才会明白自己怎样才能过上自己想要的生活，怎样才能更好地为自己的梦想去努力。

想想我们在这些年的忙碌中做了什么，换了5部智能手机吗？用废了3台电脑吗？打爆了7款网络游戏吗？看完了15部韩剧吗？穿过了20种品牌的高档衣服吗？吃遍了30种招牌美食吗？难道我们能做到的事情就只有这些吗？当然不是。因为我们的忙碌只是看起来很忙，我们的努力只是为了安慰自己。

真正的忙碌应该是积极进取，即便做不到心里期待的最高的高度，也不能理直气壮地不问结果地随便瞎忙。只要我们愿意拼尽全力，奋力拼搏，是有机会也是有能力在自己熟悉的领域做出成绩的。所以，时不我待，请珍惜青春，珍惜时间，每分每秒都努力不止，每分每秒都认真生活，让我们的忙碌不再是徒劳。

Part 02

没有自我的人，自我感觉都特别好

有些年轻人，
除了年轻，什么也没有

一个聚会上，大家在聊天，一个一身名牌的女孩全程只干了一件事——抬杠！是的，这个女孩是个标准的“杠精”。

别人说想去国外旅游，她说：“出国旅游有什么好的，哪个国家不都一样啊？”别人说准备考研，她说：“你不会还要读博吧？我认识一个博士，工资还没有我高，而且女博士真的能嫁出去吗？”别人谈化妆品，她说：“化什么妆啊，难怪你都奔三了还没男朋友。男人都喜欢年轻点的女人，你这种呀，算了吧……”

跟这样的人聊天，真是多一秒都是折磨。

或许有人会觉得她不过是个年轻小姑娘，无知者无畏。可那语气，那老道的经验之谈，不像是无知，反而像是傲慢。年轻不是一个人无知的借口。同为同龄人，见识、经历、资源、能力……天差地别，除了年龄相同以外，有些人就是要表现得更优秀一些。

你每天工作8个小时，觉得自己爱岗敬业，人家每天工作5个小时，业绩还相当不错；

你因为看过10本书而到处吹嘘，人家已经看了超过100本书了；

你擦线考过了英语四级，人家却会四种以上的外语；

你贷款买了4000元一平方米的房子，人家却早就搬进了40000元一平方米的别墅里。

……

这种时候，同样年轻的你，是不是突然觉得自己确实不够优秀呢?

往往这种时候，你就不再愿意提及什么同龄人了，而是希望自己变得更年轻些。为什么呢？因为年轻是块“遮羞布”，当你年轻时，你的无知会被大家说成“阅历少”。但是每个人都会慢慢成长，如果你继续自我感觉良好，将来会怎样？别人还会用

“年轻”来为你开脱吗?

年轻怎么了，只要你是成年人，就需要为自己担责任。别拿年轻说事儿，别过于自我。不妨想想，当别人说“除了年轻，我什么都没有”时，你能否自豪地接上一句“除了年轻，我什么都有”？

小陈是职场新人，她聪明、悟性高、业务知识扎实，但就是吃不了苦。

一次，公司派小陈与另一位同事去外地出差。小陈是城市长大的孩子，从小娇生惯养，集万千宠爱于一身，根本吃不了去外地出差的苦。于是，还没出发，问题就来了。小陈说自己受不了坐火车的长途跋涉，非要坐飞机，领导以出差经费有限为理由拒绝了她。到了目的地，小陈怕自己不舒服，非要住豪华酒店，也被拒绝了。开始工作后，小陈抱怨说工作安排得太密集，身体吃不消，吵着要将原本五天的工作计划延长至十天。

一起出差的同事实在受不了这个娇生惯养的大小姐了，就说了她几句，结果她委屈地哭闹起来，说同事都排挤她。在哭闹一番之后，她干脆撂挑子不干，坐飞机直接回家了，丢下公司同事和一大堆没做完的工作。

“一娇百病生”，人一旦娇气起来，就什么“病”都来了。娇气是一种年代病，也是一种年轻病，大多数人都没有得过这种“怪症”，而现代的年轻人，很多都没能幸免。如果注意观察，我们会发现，由着自己性子无理取闹的年轻人着实不少，而这些年轻人，一旦闹出事儿来，就嚷嚷着自己还年轻。可年轻真的是自我开脱的借口吗？

由着性子肆意横行，后果就是年轻人承受挫折的能力越来越弱，做任何事稍有压力就会感到委屈，常常不能坚持下去。

小陈仅仅因为自己吃不了苦，就千方百计地提出许多无理的要求。在要求得不到满足的情况下，竟然丢下工作跑回了家，怎么看这都不是成年人应有的行为。当然，那些无理的要求以及“撂挑子不干”的行为在小陈看来，都是合情合理的，而合情合理的原因不外乎自己还年轻。年轻就可以不负责任吗？这个社会对人的要求有一个统一的、合理的标准，这个标准不能随着个人喜好和心理预期说变就变。简单地说，也就是人需要融入社会的大氛围当中，而不是社会包容每个人的小娇气。所以，当我们摆脱稚气、站在成年人的行列里时，一定不要过于自我，别太自我感觉良好，更不要仗着年轻就无理取闹。

莱斯是一个打篮球很有天赋的男孩，他很自信，总觉得自己年纪轻轻就如此优秀，将来一定能够成为球场上的王者。

在加入学校球队后，莱斯的技术优势很快就显现出来，但同时，他与其他队员的不和也越来越明显。他觉得自己球技好，于是从不参加集体训练，还总是指责队友们没有好好练球，拖了他的后腿；他眼高于顶，刻意拉开自己与队员们的距离，却总是抱怨队员们不团结在他的周围；他自己在赛场上横冲直撞，毫无战术意识，却总是大声责备教练没有制定好比赛战术。他毫无自省自律的意识，大家都对他怨言颇深。

很快，球队中的每一个人都有了明显的进步。相较之下，莱斯的技术优势没有了，于是，他成了球场上最不上进、最拖后腿的人。可直到此时，莱斯依然觉得自己做得很好，一切都是别人的问题。

眼睛像监控摄像头一般盯着别人，却对自己无比放纵——很多人都会犯这样的错误。也许你很委屈："我才不这样呢！"此时，你不妨问问自己："当我指责别人的心胸不够宽广时，自己是不是也在不经意间变得狭隘；当我直言别人的做法有欠妥当时，自己是不是也不自觉地疾言厉色起来；当我将别人批驳得一无是处时，我是不是也正在暴露着更多更大的缺点，犯着更严重的错误，走在更加无可挽回的歧途上？"

一个人如果给自己太多的赞美和肯定，就一定会遮挡住自己的眼睛，让自己无所顾忌地犯错而不自知，使自己肆无忌惮地放纵而不自省，自律意识越来越淡薄，放纵的意识越来越强劲，于是，自己天大的缺点看不到，却容不下别人芝麻大的瑕疵。这不是一种正常的成长状态，而是一种自我感觉良好的错误状态。长此以往，难免会像莱斯一样，不但再无进步的可能，而且还会成为周围人鄙视的对象。

一天中午，当大部分员工都离开公司外出就餐时，公司的运输部门运来了一批货物。因为运输部人手不足，便到办公室向其他部门的员工求助。此时办公室内只有几个人在，大家得知需要搬运货物时，都停下手头的工作下楼帮忙。

李萌平日的工作只是负责收发、传送文件，但是无论有谁需要帮忙，她都很热情。遇到这样的事情她更是积极，于是她挨个部门去招呼大家下楼帮忙。看到财务部的刘楠依旧坐着不动，李萌对她说："一起下楼帮忙吧！"

刘楠平日里工作热情很足，在同事面前也总是刷存在感，可李萌没想到她此时头也不抬地说了句："我来公司是做财务工作的，不是来当搬运工的！"听了刘楠的话，李萌也不好再说什么，就自己下楼帮忙去了。而刘楠的这句话恰好被站在门口的公司主管听到了。

没多久，刘楠因为工作上的一点错误而被领导解雇。刘楠离职前，公司的主管对她说："公司需要的是热爱工作团队、能将工作团队中的任何事情都当成自己的事情去做的员工，并不需要一个有能力却没有团队精神的员工！"

其实刘楠的想法原则上没有什么大错，每个人都应该做好分内的事，但公司或团队需要时，也要积极地做一些分外的事。刘楠的错误就在于她说出来的话过于自我，过于自我感觉良好。这个世界上大多数的人都能将本职工作做好，而能够积极对待本职工作以外的任务的人却少之又少。所以年轻人，千万不要太过于自我而不能自拔，凡事看长远点。年轻是好事儿，也是坏事儿，千万别辜负年轻。

应付了事，
完成了也是白搭

有个朋友因为要参加一个重要的宴会，白天又太忙，便在晚上急匆匆地去了家门口的一家理发店。她想着好好收拾下头发最多也就三个小时吧。可谁知道，发型师的速度让她想骂街。

朋友想烫发，再稍微染点颜色。换了别的发型师，大都会粗略地修剪下，就直接上卷、上药水。可这位发型师不这么干。她修剪得很精心，足足用了半个小时，然后才开始卷发的流程，上各种卷，用各种药水，各种洗晾蒸。

眼看着其他的客人都做好离开了，朋友心里难免着急。她就跟发型师商量："要不少加热一会儿吧？要不少蒸一次吧？"可发型师不干，而且在听说她第二天有重要宴会参加时，免费给朋友送了一个营养焗油，说这样才能保证烫发有最好的效果。

朋友很无奈，对于这样的发型师她也无可奈何了。其间朋友的家人、发型师的家人都打来几次电话，这些都丝毫没有影响发型师的工作节奏。

发型师总算在深夜12点多完成了她的“作品”。朋友连正眼都没看自己一眼，就匆匆交钱回家了。朋友在回家的路上还想呢，以后再也不找这个发型师了，固执、不知变通。

可第二天，朋友就知道自己错了，因为她发现自己的发型太适合自己了，连她在宴会上的表现都不自觉地自信了很多。

现在，只要朋友有需要，她就会带朋友去找那位发型师。不仅如此，她经常推荐自己的家人、朋友一起去做头发。如今，那位发型师已经是店长了，却依旧对每一位顾客笑脸相迎。

很多时候，我们对于完成工作的定义就是做完了就好，完成了就可以了。可不曾想过，将事情做到最好才是成就自己、成就梦想的不二法门。

有一位送水的师傅，承揽了附近好几栋写字楼的饮用水配送业务。其实那个区域的饮用水有很多品牌，很多家在做，可是他的业务量是最大的。

一位开公司的朋友看到隔壁公司也用他们家的水，就定了这家。可随着接到的小广告越来越多，他发现这家的水并不具备价格优势。他找到前台，让前台对比下另外几家送水公司，选一家性价比高的。

在前台还未跟他确认这件事的一天，他进公司时碰到了那位送水师傅。送水师傅非常热情地跟他打招呼，态度很好，不仅帮忙把水放到了离饮水机最近的位置，还将空了的水桶拿下来，换上新的。临走时，又拿出自带的小手绢把洒在地上的几滴水擦了擦。

送水师傅走后，朋友马上跟前台说，不用换送水公司了，继续定这家的水。

又到了年底，朋友公司的库房走了两位老员工。朋友第一个想到了那位送水工，在他上门送水时将他留下，跟他谈了谈，问他是否愿意到公司的库房工作，两人谈得非常顺利。如今，那位送水师傅已经是朋友公司的库房经理了。

多数人都能清楚地分辨是非，你的表现在别人心中都会有一定的估值，当你觉得差不多就行了时，别人会觉得你做得只是差不多；当你想着不能应付了事时，别人才会对你很满意；当你想着一定要做好时，别人会觉得很惊喜，而你也可能会得到相应的惊喜。所以，你的每一次付出都是你努力的证明，不要应付了事，那样即便完成了也没什么意义。

李晓是美术学院的一名学生，从小天赋异禀，不用怎么练习就画什么都很像，同学们都叫他天才。对此，李晓很是得意。

“天才”之名传开之后，李晓就更不去练习了。当其他同学夜以继日地练习画技时，他就在一旁玩，还总是嘲笑大家都是“笨鸟”，也从不和大家交流。他不知道的是，到了大四时，很多同学由于勤学苦练，画技早已经远远地超过了他。

毕业后，李晓进入了一家全国知名的美术馆，负责设计画展广告的工作。没过多久，馆长就发现馆里的广告宣传画突然水准大失，很多设计拙劣得连基本的绘画技巧都不具备，简直一塌糊涂。一次，馆长让李晓负责设计一幅画展宣传画，李晓自信满满地答应了。不到一个星期他就画完了，可当兴致满满的馆长看到画后，立刻生气了，说道：“你画的这是什么啊？”

由于李晓从来都不练习，靠着天赋的那点儿聪明劲，画一些简单的东西还可以。但是，遇到需要创意和深厚功底的时候，李晓那点儿聪明劲显然不够用，可他又一直疏于练习，所以根本就完成不了任务。

经过此事，馆长觉得李晓才能平庸，不能胜任工作，便将他辞退了。

天资卓越之英才自古有之，但是，真正能成才者少之又少，因为大多数“神童”都会为自己的天资沾沾自喜，忽视了后天勤奋努力的重要性，以至于错失了成功的机会，最终沦落为普通人，白白浪费了天赋。所以说，即便是不世人才，如果后天不努力，也终将一事无成。

你以为能迁就的事，最后只能一味地迁就下去

作家韩寒说：“小孩子才看对错，成人只看利弊。”是的，因为成人的世界看利弊，为了趋利避害，所以有人选择了迁就别人，有人习惯了被人迁就。

小雪的四年大学寝室生活，就是在迁就中度过的。小雪的宿舍住着6个人，来自祖国的天南海北。一向内向的她不够热情，也习惯了独来独往。慢慢地，寝室的其他5个人“抱成了团”，经常两三个人成群出入，她们有些排斥小雪，只要就剩小雪一个人在寝室，她们都会把门关得咣咣响。

没人会注意到寝室的垃圾桶满了，所以每次都是小雪默默地打扫；小雪午休的时候，她们也将她当作空气，大声聊天，大声放电影。小雪也曾在大家都在的时候试图和其他人沟通，但是只得到了“哦”的答复后就冷场了。

小雪对自己的四年大学生活没有丝毫留念，她做梦都想着尽早毕业，尽早工作。可是工作后呢？如果工作后也需要住寝室，或者工作后仍需要跟人合租房子呢？她会不会还遭遇同样的情况呢？

做人做事，如果没有原则，就会表现出一味地迁就和顺从，可无论在什么样的场合，迁就都不是处理事情的最好方式。

有人习惯迁就他人，设身处地地为他人着想，对他人有意见也不敢提，这是软弱的表现。一个人在迁就别人的同时，自己一定会有满心的委屈，做事也会违背自己的本意，可是即便这样，别人也并不一定会领情，相反会对你冷眼相待。

宁是个很安静、很好说话的女孩子。她的朋友不多，工作后一直和父母同住。邻居张阿姨的女儿攸跟她情况类似，她也是工作后和父母同住。张阿姨和宁的妈妈很早就认识了，两人关系也不错，经常一起买菜、逛街。

这天，张阿姨两口子要去外地旅行一周，临走前他们找宁的妈妈聊天，表示攸从来没有自己一个人住过，他们两口子不放心，想让宁过去跟攸住几天，还说“宁和攸小时候多要好啊，年纪差不多，也有的聊”。

宁不好意思拒绝张阿姨，也不想让妈妈难堪，但是宁并不愿意跟攸走得太近。她俩虽然自小就认识，可是一直没有成为闺蜜，原因就是攸实在有些“难伺候”。

攸一直是大小姐做派，特别是跟宁在一起的时候，更是时时事事都以她自己的意见为重。小时候一起放学，宁要去吃麦当劳，攸就非要吃肯德基；两家约定周末去宁想去的动物园，到了周末，攸非闹着去游乐场……宁慢慢就跟攸疏远了，可毕竟两家离得近，两人又一样大，完全不来往是不可能的。

这天晚上，宁磨磨蹭蹭地去了攸家，攸热情地邀请她一起看电视台正在热播的选秀节目。宁很爱看，想着看电视总不会出现什么问题吧？可没想到攸紧握着遥控器，看到自己不喜欢的人上台表演时就换台，根本不问宁的意见。攸家的沙发是那种五座的沙发，正对电视的也就三座，她自己一个人横躺着占了三个座还多，就这她还一直让宁挪地方，好让她躺得更舒服。

宁真的很郁闷，可是想着自己已经答应张阿姨夫妇陪着攸了，食言的话，难堪的是自己的父母，所以就只能继续迁就攸。

我们都知道，凡双方意见出现不同之时，总要有一方做出让步。可做出让步又如何？人心，不是一朝一夕就会变热的；感情，不是三言两语就会有的。你一味地迁就和忍让，只会让别人越来越不把你当回事儿，你自己也会变得越来越没有立场。

人生不仅仅要选择好方向，还需要在前进的路上做好万全的准备。无论什么样的集体都不会风平浪静，都会存在争端，所谓的公平都是相对的。但每个人都希望能得到公平的对待，以维护自身的利益，这是人的本性，也是一种合理的要求。然而，这世界却没有绝对的公平可言，一些不公平的事时有发生，只是当不公平发生时，你能否一味地迁就忍让呢？

安娜是个聪明伶俐的女孩，而且长得漂亮。大学毕业后，她一路过关斩将，顺利进入了一家大型销售公司。公司的经理很看重她，就派了公司销售业绩一直排名第一的罗莉带她。

按照经理的安排，罗莉要带安娜一个月。安娜非常好学，在入职后的一个星期，就已经能独立工作了。在第一个月，安娜将一些业绩算给了罗莉，算是对罗莉带她的回报。罗莉对此也心安理得。到第二个月的时候，安娜的业绩就已经超过罗莉，成为公司销售业绩的第一名了。经理对此非常开心，对安娜大加夸赞，并向她承诺，只要她能连续半年保持业绩第一，就将她提升为首席销售。

安娜非常开心，自此也更加努力。在接下来的四个月中，安娜一直保持着业绩第一的排名。只要她能在第五个月再拿到一次业绩第一的排名，她就能被提升为首席销售了。然而在第五个月时，发生了一桩意外。

按照安娜当月的销售业绩，她是可以名列第一的，但因为经理将她的一些业绩划给了罗莉，使得安娜没能在当月夺魁。安娜非常生气，就去问经理原因。经理告诉她，那些业绩因为有罗莉的参与，所以划在了罗莉名下。而所谓“罗莉的参与”，仅是罗莉曾帮安娜接过一个相关的电话。

安娜觉得自己受到了不公的对待，内心充满了怨愤，可也不得不迁就。因为不满，她在工作上开始逐渐懈怠，她的业绩也因此而出现了明显的下滑。经理见此，对安娜鼓励之余也进行了一定的批评。安娜对经理的态度失望不已，不久之后就辞职了。

安娜确实受到了不公平的对待，她的遭遇确实很值得同情，可跟她有同样遭遇的人有太多太多。如果每个人都像安娜一样，因为内心充满了愤懑就放弃自己的梦想，或者一味迁就、大改以前的努力状态，消极懈怠，那最终吃亏的还是自己。

现在的我们比未来的每一天都要年轻，年轻最大的资本是什么？毫无疑问，那就是青春。正是因为有这个最大的本钱，我们才会朝气蓬勃、意气风发，才敢像初生的牛犊一样不怕虎，还斗志昂扬地向着老虎冲过去。这个时候的我们不畏惧不公，不屑于抱怨，不随意迁就，能长久地保持昂扬的状态自然是好，但你同时必须保持良好的心态，否则，再激情的青春之歌也会让你唱成哀曲。

哪有没时间这回事儿

有人曾在一篇文章中这样写道：

“一位朋友为了改善一下自己的形体，特意报名练习瑜伽。她去上课时，看到老师把每一个动作都做得那么到位，像是美丽的天鹅在湖中畅游，那么安静、动人、优雅、协调。

“可是当她做这些动作时，她对我描述说，自己就像是小丑，坐在瑜伽垫上，身体怎么也不听使唤，任何一个动作都足以暴露她的缺点，她似乎听到自己的身体在‘嘶、嘶、嘶’地响。

“瑜伽确实很难坚持，我想着那位朋友或许已经放弃了，毕竟她的工作很忙。可是我想错了，她总会时不时地在朋友圈发几张她练瑜伽的照片或者一两句练习心得。

“前段时间，这位朋友在朋友圈发的一条消息瞬间引出了无数条评论，消息是说她已经在闹市区选好的一家门店，打算与那里的商家合作举办周末的瑜伽基础培训，而教练就是她。

“是的，她在很短的时间内，就完成了瑜伽教练班的学习。现在的她已经爱上了瑜伽，甚至决定自己开办瑜伽训练班。”

一个叫林林的女孩也曾讲过一个类似的故事：

“小米是我的大学校友，那时受日韩潮流的影响，我和同寝室的同学都报名学起了日语，为的是能看懂日剧。而我们就是在那个培训班里认识了小米。

“小米和我们是一所学校的同学，学的却不是一个专业。小米学的是经济学，她的专业课程总是很优秀。在大家临时抱佛脚准备英语四级考试的时候，小米已经开始准备六级考试了。当我们因为擦着及格线通过了四级考试而欢呼雀跃时，小米却低调地高分通过了六级考试。

“同样是在一个培训班学日语，当我们还在苦背五十音图的时候，小米的日语平假名、片假名书写已经很流畅了。当我们还在背单词的时候，小米已经能将日语课文背得很流利了。

“和小米熟悉后，我们曾聊过自己每天的安排。小米每天的时间都被排得满满的：早晨起来晨读英语和日语，然后去食堂吃早点；上午的课程结束后，她会短暂午休，然后再继续下午的课；如果下午没课，她会去学校的外语角和外国朋友一起练习英语或者日语的口语发音；晚上则是雷打不动的图书馆时间，她会选择在这个时间段看专业书籍。当我们还跟宿舍室友一起熬夜畅聊时，小米或许正在听一些英语或者日语的音频节目。

“小米不仅懂得利用时间自学，她还总是班里最好问的，课间时候，她会跟老师请教很多问题，老师们都很熟悉她。我们的日语老师就非常喜欢小米，有时候需要互动的环节，总是让小米作为代表。我问过小米，这样一天天的总是学习，时间够用吗？她笑着说，时间总会有的，习惯了就好，要想出成绩，不挤出来时间拼命努力怎么能行？况且她知道自己天赋平平，所以只能以勤补拙，只要她努力，不辜负时光，时光肯定也不会辜负她。

“临近毕业，我们寝室的同学都没时间去日语班了，而小米还继续着。当我们找到工作时，听说小米通过了日语二级的考试。当我们举行毕业典礼时，小米已经拿到了日本排名靠前的大学的研究生录取通知书。

“再次遇见小米时，是在校友会上，我们是台下的观众，而小米则作为优秀校友上台讲话。短短的几年时间，我们都在追赶着时间努力着，可是我们真的足够努力吗？”

时光匆匆，但只要我们能牢牢抓住正流逝的时间，还是能做很多事情的。所谓的没时间，只是我们没有将每一分每一秒的时间牢牢抓住的借口。

如果你真的想做一件事，肯定会拼尽全力去努力，怎么样都能抽出或多或少的时间来。所以，哪有没时间这回事儿，千万别辜负了时光。

李明是网络游戏高手。当他还是一个幼儿园的小毛孩时，他就已经会对着电脑屏幕敲键盘了。自从上了小学，他从单机小游戏开始，一直挑战到了大型网游。每当有新款网游发行，李明一定当仁不让，第一时间买来亲身体验。

一晃十数年过去了，现在的李明已经参加工作两年了，每天还是游戏不离手，一说起游戏来还是头头是道，很多还在上学的学生对游戏的了解竟然还远没有他多。那么，是他将工作都用来玩游戏了吗？当然不是，李明工作认真，业绩出色，是公司的业务骨干。

他的同事对此非常不解，向他讨教秘诀，他说："很简单，上班时间努力工作，休息时间努力玩游戏。工作虽然忙，但还是有闲暇时间的。今时不如往日，现在只能抽空玩一玩了，但这点时间还是有的。"

李明将抽空玩游戏作为了一种休息、放松的方式。对于持续处于紧张状态的人来说，一定要注意适时放松，有的人忙碌起来，总是说没时间休息，可哪儿有没时间这回事儿呢。不是说你安静地靠在沙发上看电视才叫休息，休息的方式可以很多样。一项不错的兴趣爱好不仅能增加一个人的活力和情趣，使其生活更加充实，丰富多彩，也是很好的休息方式。

某学院的老师曾通过实验总结出：一个成年人能集中精力去做事情的时间只有15分钟。如果强迫自己的话，时间或许会长一些，但如果中途休息一下，做一些别的事情换换脑子，就可以继续集中精力去做事。所以说，休息并不是在浪费时间，而是让你更加高效率地利用时间。

适当给自己安排些空闲时间，如散散步，周末和节假日到郊外旅旅游，不仅能消除疲劳和压力，还可以将人的负面情绪排解出来。适当的放松后，你会觉得时间没有变少，反而充裕起来。

每个人都想要以最充沛的精力去生活，去努力，所以我们必须合理调配时间，充分利用时间，而不是将所有的时间都用在努力做一件事情上。

努力不一定能实现自我，只是会多一些选择权

一位在歌坛大红大紫的歌手，曾经只是一个为别人写歌的无名小卒，一直没有出头的机会。直到有一天，他的老板对他说：“我看过你的作品了，很不错。这样，我给你一个机会，如果你能在一个星期内完成50首歌，我就从中挑选10首，为你出专辑。”这位歌手一听，非常高兴，但是也知道在一个星期内完成50首歌的创作实在太难了，几乎没有可能。但是，他在写每一首歌时，都告诉自己：“我真的很想做到！我一定能够做到！”最终，他真的在一周之内完成了50首歌曲的创作，他的老板也依言为他出了专辑，他从此一炮而红。

一周写50首歌，对大多数人而言，就是天方夜谭，绝对不可能。但任何事情都不是绝对的，它还是有完成的可能的，对努力实现自我的人来说，总会抓住这样的机会。

小陈是某公司的秘书，他平日做事很认真，头脑也灵活，但是一直以来都只是个普通的小秘书，工作三年也没有得到提升。但小陈从不抱怨，反倒非常认真地工作，并努力总结一些工作窍门。因为秘书的工作很繁杂，所以小陈每每接到上司的指示后，都会将其记录在自己随身携带的工作笔记上。另外，公司内部的一些重要数据以及一些必要的联系方式，小陈都记在工作笔记的附录中，并时常更新。

一次，公司召开全体会议，公司老总在做总结报告时临时提到了公司的某项业务，而该业务中的两个数据他没有记住，便随口问了身边的几位助理。几个人报出来的数据相差甚远，会议因为这个数据问题而出现了短暂的中断。

正在一位助理准备去查看相关数据时，小陈拿出自己的工作笔记，向老总报出了他所需要的准确数据，老总赞赏地看了小陈一眼，其他员工也不约而同地向小陈投去佩服的目光。后来，总经理办公室的主任退休了，老总直接将小陈提升为主任。

小陈是个有心人，在努力实现自我的方向上不断地提升自己，他的行为让他最终获得了老总的青睐，多了一些选择权。小陈很看得清自己努力的方向，将每一项工作都看得很重要，明白怎么努力才能更好地实现自我。

世界上最神奇的力量是能看清自我，保持良好的状态。带着希望和积极的状态能将自己提升到更高的境界，而带着失望和迷茫的消极状态只会让自己没了选择权。或许你确实在努力，但是你同时也在为努力是否有用而纠结？与其纠结，不如行动起来，这个世界是要凭借实力说话的，行动才是第一位。在纠结的时候你不妨试着找准努力方向，然后用行动来证明自己。

小张与小林是同一家保险公司的新进职员，两人都志向高远，憧憬着自己能在这一行业中做出一番成绩。

到公司报到的第一天，他们两人各自从公司那里得到了一张名单，主管告诉他们，这些都是已经接洽好的客户名单，让他们继续跟进，签下合约就行。于是，小张和小林就开始按照名单上的客户，逐一联络沟通。但是，这不是一件容易的事，客户们似乎很难缠，一个月下来，两人一无所获。小林坚持不下去了，他此前的雄心壮志早已经在无数次的拒绝中被磨灭了，于是选择了放弃。

但是小张不这么想，他认为自己的梦想不可能在短时间内实现，但是如果自己不坚持下去，不积累一点经验，那么他永远也实现不了梦想。所以他没有就此放弃，他重新捋了一遍名单，再联想到自己这一个月来的经历，感觉其中一位大学教授应该是可以被攻克的。于是，他就集中力量，盯住这位教授。一次、两次、三次……小张与这位教授碰面共计八次，但是都没有说服教授。小张还是没有放弃，一天晚上，他振作精神，第九次敲开了教授家的大门。这一次，小张成功地拿下了合约。

心浮气躁、情绪波动，每个人都会有这样的时候，特别是在事情不太顺利的时候，很容易把握不好分寸胡思乱想。所以，我们一旦想好了要做什么，就不要总是去考虑能不能做好，这样做有什么对与错，而应该将更多的精力放在努力上，努力去做，努力坚持下去。在每一次情绪起伏之时，你都努力将自己稳住，做出客观的判断，依靠坚定的毅力，执着地向最终的目标努力，总会争取到比他人更多的成果。

有人会说，这个世界上的事情，做起来并不都是十拿九稳的。但我们要记住一点，很多事情看似成功概率无限低，但只要不是零，就有成功的可能。所以，请不要无视它的存在，也请一定要为这微小的可能而努力。

相信很多年轻人都看过日本著名连载漫画《火影忍者》。漫画中青春热血的故事情节感染了很多人，在年轻人中引起了广泛共鸣。其中，有这样的一个情节令人印象深刻。

火影村年轻一代的忍者小李身受重伤瘫痪在床，伤情之重，可能连正常生活都有困难，更不要说成为忍者了。小李本人和他的老师都非常沮丧。后来，医术高超的忍者前辈纲手回到了忍者村，当她检查过小李的伤情后，当即表示即便是凭她如此高的医术，手术成功的概率也不会高于50%。也就是说，小李极有可能会死在手术台上。纲手知道，小李师徒这一次是面临生死抉择了，而她也知道，小李绝不会放弃成为忍者的梦想，他一定会为此做最后的奋力一搏，哪怕是死。

每一个人都经历了一个不眠之夜。第二天清晨，纲手的弟子走进纲手的房间时，看见纲手筋疲力尽地伏倒在桌案上，房间里四处摊散着医学资料，一张写满医疗方案的纸的最后一行上赫然写着“51%”。

这是一个让人感动的瞬间。50%到51%，提升的不过就是小小的1%的可能性，值得人们为此赌上一切吗？有人认为是值得的，有人认为区区1%没有什么差别。可这1%不仅仅是彻夜努力的一点点进步，而是更多的生存的希望。

现实生活中，很多人都为着微小的可能而拼搏不已：

宇宙中到底有没有智慧生命？这是一个根本就不能用统计学概率测算的问题，但是依然有无数的科学家为此倾尽所有，探索一生。

是否能有物质突破光速？据爱因斯坦相对论的解释，理论上不行。对这样一个命题，许多科学家前赴后继，终生研究。

艾滋病究竟能不能治愈？从宏观的角度来看，总有一天，艾滋病是能被治愈的。但对于大多数投身于医学事业的科学工作者们来说，起码在他们有限的生命中，找到治愈艾滋病的方法的概率很低。但是，为了攻克这一医学难题，这些医疗工作者以及世界上所有关注此项事业的人们依然不懈地努力着。

世界上还有很多这样的事情，它们的成功率徘徊在50%基准线上，甚至远远低于50%，但是，这依然不妨碍人们为其拼搏终生，只为多一些可能性。

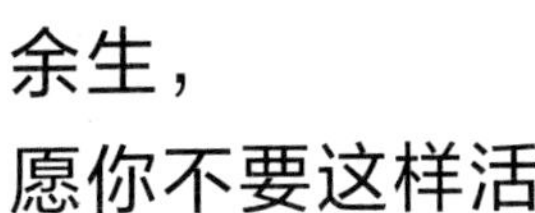

余生，
愿你不要这样活

一场足球比赛中，双方对抗得非常激烈。两支球队都组织了一次又一次进攻，但鉴于双方水平相近，比赛结果难以预测。

眼看比赛临近结束，双方都还没有得分，队员们非常着急。这时，A队的主力阵容有些乱了，队员忽视了教练的防守策略，急于组织进攻得分，但是几次仓促的进攻，都因为没有配合好，被对方从容化解。直至最后两分钟时，在A队一次失败的进攻后，B队抓住机会，攻入一球，打破平局胜出。

比赛后，A队球员虽然败了，却很得意，因为他们队一直在进攻，而B队一直在防守。一位A队球员在跟朋友聊天时说：“今天我们在比赛中组织了90多次进攻，厉害吧！”

“哇，那你们多少比分赢的？”

“呃……很遗憾，我们的球都没进去，真该死！却让B队糊里糊涂进了一个球！”

无数次的进攻也不如进一个球有价值。只进攻，却进不了球，这样的比赛是令人遗憾的。比赛如此，人生也是如此，如果人生就是一场比赛，那我们要注重每一个细节，活得努力，活得严谨，活得精彩，活得有价值。

某艺术学院一位即将毕业的美术系学生正在构思毕业作品，但思考了很久也不知道该画些什么。于是，他找到父亲，希望父亲能够给他一些建议。父亲看看窗外春景，就说了句“春景不错”，于是男孩赶忙动笔，画起了春景。他刚画到一半，妈妈走了过来，在画前端详了许久，说道：“太平庸了，应该加一些灵动的东西，比如有色彩的风。”于是，他放弃了清丽的色彩基调，转而铺上浓重色彩。又过了一会儿，姐姐来到他身边，瞥了一眼道：“为何画得这么真实？画面要充满隐喻才有内涵。”于是，他又一次修改起来。终于，画作完成了。这时，哥哥站到了画布前，眯着眼看了半天，说道：“你这是刻意模仿毕加索，还是画废了想扔呢？”

一幅听从了多个人的建议、不循章法、随意修改出来的画作当然会惨不忍睹。既然是毕业作品，当然要更多地坚持自己的意见，体现自己的意志，听从自己的心声，人生又何尝不是如此？

人生是一个自我成长的过程，按照自己的感觉来生活，按照自己的意志做选择，然后在这个过程中，经历磨砺和锤炼，让自己的身心得以成长，让自己达到某种理想的状态。

当然，这个过程中会遇到各种难题，会有喜怒哀乐，也少不了成功与失败，只是自己的人生一定要自己选择，为自己而选择，为自己而活。

小静本是一个积极的女孩，她刚进公司时表现出了一个职场新人应该有的朝气，为人勤奋进取、善于学习、注重细节。她时常第一个来，最后一个走。后来，她发现很多老员工都不像她这样，他们都是按时上下班，绝不会多加一分钟的班。于是，小静渐渐地也就不再独自加班了。之前每一次开会时，小静都是抢着发言，提出自己的意见，但除了自己外，小静没有见到别人踊跃发言，于是她也就不再发言了。

后来，小静在面对一成不变的职场工作时，总结出了一整套职场法则：上班不需要加班，只要不迟到、早退就行；开会能不发言，就不发言，拖到最后实在不行，就顺着老板的意思表个态；不熟悉的新项目上马，能不主持就不主持；老板不交代就不要越权；不要太拼命，保持中等业绩就好。

当别人问起她为什么从一开始的“朝阳青年”变成现在的“暮气老人”时，小静想了想，答道：“不知道，干着干着就这样了，反正每一天都是一样的，习惯就好。”

小静就是因为习惯了才放纵自己的，因为适应了才不思进取的，可是这种随波逐流的生活就是没有自我的生活。

有些人的生活是随大流而不在意自我的，有些人的生活却是丢失了自我。现实生活中，需要我们去关心和关注的人和事实在是太多，以至于我们中的绝大多数人往往忽略了对自身的关注，忘记了对自己来说什么才是最重要的，忘记了自己究竟想要怎样的生活。

大学毕业后，孙岩和同班同学王悦一起到广州闯荡，他们在同一家贸易公司里做业务员。不久，王悦成功地谈成了一笔大生意，升职成为部门经理；孙岩业绩平平，只能在王悦的手下当业务员。

孙岩心中不平，于是到寺中求菩萨保佑。寺中有一位和尚，知道了事情的前因后果后，便对他说：“你三年后再来吧。”

三年后，孙岩垂头丧气地如约而至。他告诉和尚说：“王悦现在是总经理了。”

和尚又说：“你过三年后再来吧。”

又三年过去了，孙岩再次来到寺中。这一次他显得有些焦虑，甚至有些气愤，他告诉和尚：“王悦已经当老板了。”

和尚说：“我也成为方丈了。我们都在进步，而你呢，你在干吗？我们为自己而活，为自己负责。可你为谁而活呢？你在为王悦而活，痛苦地为他活着。你失去的不是职位、事业或是面子，而是你自己。”

一年后，孙岩又来找和尚，这一次他很高兴。他对和尚说：“哈，王悦破产了，如今在坐牢呢！”

和尚摇了摇头，一句话也没有说，转身便走了。王悦还是王悦，孙岩还是在为别人而活。

像孙岩这样，完全没有自己的目标，一直将眼睛盯在别人的身上，看到别人过得好就愤恨，看到别人过得差就高兴。这样的生活除了使他自己坠入痛苦的地狱外，没有任何意义。每个人的人生都是属于自己的，与别人无关，别人过得是好是坏那是别人的事情，我们为什么要在走自己的路的时候，眼睛却盯着别人呢？

众生芸芸，各有各的活法，谁都无法预料明天会发生什么，过去不可回，未来不可追，我们唯一能够把握的，就是现在。所以，余生的路，愿你好好走下去。

《花田半亩》中说："生命中，我们都接到不同的剧本。有的平淡，有的浓烈，有的是笑，有的是泪，不管怎样，我总要演好，直至落幕。"

余生，愿我们都能不负时光，不负韶华，不负相遇，也不负初心。

Part 03

不怕被人利用，就怕你没什么用

最重要的事，就是你手头正在做的这件事

《新闻联播》中的系列报道《寻找最美乡村教师》打动了很多观众，这些朴实善良的乡村教师长期坚守在中国教育事业的薄弱地带，用他们的爱心和奉献精神实践着中华民族千年师道的崇高理想。

山东冠县，民办教师么富江初中毕业就辍学在家，直到几年后才在公社的推荐下，通过考试，进入了阳谷师范学校，如愿以偿地成了教师。如今的他回忆曾经失学的那段日子，非常痛心，他知道孩子们要得到一个上学的机会非常不容易。1976年，他毕

业后在镇中学工作，而他的妻子是留守在村里的一名民办教师。他每周都回一趟村里，每当他看到早已残败不堪的学校校舍，就感到非常痛心。留守的教师很少，孩子们的基本教育得不到保障。于是，他与妻子商量，决定放弃镇中学的稳定工作，回到村里做一名乡村教师。

原来的校舍已是危房，不能再继续使用，于是老么夫妇就将自己的房子正屋腾出来作为教室。1988年，村里的孩子们成为学校的第一批学生，一共50人，而学校的老师只有他和妻子两个人。两个人商量得很好，老么教文科，他的妻子教理科，一天上八节课，晚上还有晚自习。他们每天忙忙碌碌，能够休息的时间很少。

后来，学生越来越多，夫妻俩觉得，他们必须给孩子们提供更好的学习环境。于是，他们变卖了家里所有值钱的东西，并四处奔波、求亲告友，最终，他们的亲人和邻居空出了八处住宅作为校舍。学校筹备的过程非常艰难，但老么说："借钱不容易，教书人又脸皮薄，但为了学生，我钱借得理直气壮，这不丢人。"就这样，老么最终筹集了几十万的资金，建起了村里的第一所完整小学。

老么的坚持感染了更多的人。1995年，上海华夏扶贫基金会、上海民生实业总公司捐款一百余万元，在村子旁边修建了

“民生小学”。老么任校长兼老师，在学校念书的500多名学生都是附近十几个村子的留守儿童。

现在，老么快要退休了，自己的儿子也接替了自己，成为小学新的校长。教育的种子已经在这座小山村生根发芽、开花结果了。老么说：“我想把旧校舍翻新，并且再建一座新的教学楼，这样来年就能多一些名额，现在还有很多孩子等着上学。”

乡村教师的工资待遇极低，社会地位不高，生活质量也亟待改善，并且他们的生活中没有游乐场、KTV，更没有酒吧、夜店，能够体现现代社会休闲文化的事物一概都没有，只有一片穷山恶水。如果我们一天不上网、不看电视就会受不了，那么，老么他们靠什么坚守呢？

显然不是钱，如果是为了钱，老么完全不必辞去镇中学的稳定工作；如果是为了钱，他根本不用回到一穷二白的山村；如果是为了钱，他就不应该将自己全部的家当都变卖，只为给孩子们提供一个更好的学习环境。对于他们来说，坚守下去的力量就源于自己正在做的事，这件事是很有意义的事，是必须要做好的事。

很多事情开始很容易，难就难在继续坚持下去。我们必须用一种强大的精神力量来推动自己不断前进，就像幺富江那样。

小清马上就要大学毕业了，在即将步入社会的最后时刻，她除了准备毕业论文、投简历找工作外，总觉得自己还应该做很多事情。小清找到了比自己早几届毕业的学长，跟他们聊过后，小清觉得即便自己日后工作了，也不能放弃英语学习，因为好几个学长都跟她强调了学好一门外语的重要性。于是，小清研究了几个英语学习班后，给自己报了一个商务英语班，打算专攻一下商务英语。

商务英语课刚上了两节课，小清就有了新的想法。她觉得现在学英语的人太多了，自己光会一门英语已经不算是优势了，应该再学一门小语种。不得不说，小清的想法很正确，可是她选择的时间并不明智。于是，本来就很忙碌的小清又少了半天的休息时间，因为她又给自己报了一门日语课。

很幸运，小清找到了一份还不错的工作，可是工作后，小清发现自己太忙了，她周末要拿出来一整天的时间去上英语课和日语课。英语还好，大学期间一直没有落下，而日语完全是门新课程，对于忙碌的小清而言实在是非常吃力。

可是小清完全没有意识到自己的问题所在，她认为自己觉得吃力可能是因为刚工作，自己会慢慢适应这个节奏的。

小清工作的公司距离小清的家很远，所以要每天起早贪黑挤公交，非常辛苦。小清算了算时间，觉得如果自己开车上下班的话，路上会节约不少时间，周末去上辅导班也会轻松不少。于是小清急忙找了一家驾校报了名。

就这样，英语还没学完，小清就又报了日语班，日语也还没学两天，就又报名去学车。结果，小清的时间根本就调配不过来，最终她哪一样都没学好。

一个人在一天中通常不会只有一件事情等待处理。当各种事情纷至沓来时，我们该如何安排做事的顺序呢？这时你需要考虑的不再是事情的难易程度，而是要根据事情的重要程度来安排。只有分清了事情的主次，才能把各种事情按部就班地完成。

当你完成了最重要的事后，会发现其他事情就好似已经推倒了第一块多米诺骨牌那样迎刃而解。所以我们要将更多的时间用来做最重要的事情，只有下定决心“专注于最重要的那件事”，我们才有可能将手头的事情做好。

原谅那些刻薄的话，有时候生活比那些话更刻薄

黄俊是一家生产型公司的车间主任。有一年，在国庆长假到来之际，一批订单不期而至。生产部门的领导找到了黄俊，希望他能说服车间的员工以公司利益为重，放弃长假休息时间，把那一批订单赶出来。

此时，黄俊所在车间的员工都已做好了长假休息的准备，甚至还有人打算在假期内完婚。黄俊对此感到为难，他不便拒绝公司的要求，但也不便要求员工放弃长假，留在车间加班。最终，他想到一个两全其美的方法，希望公司能以加薪作为员工在长假内加班的奖励，这样一来各有所得，能尽量平衡公司与车间员工

之间的利益。生产部门领导听了黄俊的建议，一口答应了下来，并表示会尽力为他们争取加薪。

经过加班加点的努力之后，那一批临时订单终于按时完成了。但在月底发放工资的时候，黄俊和工友们才发现，他们的工资一点儿也没涨。黄俊和工友们愤怒不已，他们去找生产部门的主管。生产部门的主管对他们说，自己已经尽力为他们争取了，但决定权不在自己手上，自己也是听从公司高层领导的决定。黄俊和工友们又找到了公司的一位高层领导，这位高层领导对他们说，他们所提出的加薪要求不符合公司规定，所以公司予以了否决。同时他还表示，公司可以把假期补给他们。

黄俊和工友们听后，都非常生气，但他们知道和公司硬碰硬没有好处，便无奈接受了公司的决定。

公司领导没有说一句刻薄话，但事情的结果让人心寒不已。但是这个世界就是这样，你付出了一百分的努力，却不一定能得到一百分的结果。这样的事情再平常不过了。

但是生活对我们再刻薄也不应该成为我们放弃梦想的理由，每个人的生活都会遇到不公正，每一次经历也是我们难得的历练。当面对一些不够诚信的人或事时，请别只看生活那刻薄的一面，看看自己有收获的一面。即便被人利用，即便没有获得预期的结局，也可以欣慰地告诉自己：至少我尽力了，至少我还有用。

刘柏林名校毕业，有着过硬的专业技能，在一家公司已经工作一年多了。此前他有两年的工作经验，所以在入职之初，上司曾对他许诺，只要他够积极，一年后公司会给予大幅度的加薪奖励。一年过去了，刘柏林的业绩在同事中出类拔萃，但上司却避而不谈调整工资的事，这让他心生不满。

一天，刘柏林找到上司，对他说："在公司工作的这一年，我很开心，也学到了很多东西。只是我的表现并不优秀，得不到公司的认可。"

上司听了刘柏林的话，问道："你要辞职？"刘柏林装作不情愿的样子点点头。上司思索了一会儿，拍着他的肩膀说："我明白，我明白，你先回去工作。"

没过几天，公司接了一项业务。上司把刘柏林和另一个同事叫进办公室，说："这个单子不小，好好做啊。"同事一口答应了下来，而刘柏林表现得很是冷淡。上司让另一个员工先出去，然后对刘柏林说："我明白你的想法，我已经向公司申请给你加薪了。你这次好好做，把这个单子做好了。"刘柏林见上司说到了重点，满意地出去了。

一个星期之后，刘柏林终于把这一单业务做完了。他长长地出了一口气，坐等着上司跟他说加薪的好消息。但没过两天，刘柏林发现自己开始无事可做了；后来，他发现自己电脑里面的客户资料全部丢失；再后来，公司的内部系统他也进不去了。这明显是人为原因造成的。刘柏林找到了上司。

上司的态度冷淡了许多。还没等刘柏林开口，他就对刘柏林说："很遗憾，公司对你的加薪申请予以了否决，不过你的辞职申请，公司已经通过了。"刘柏林见此，知道事情已经没有任何回旋的余地，就离开了这家公司。

有些时候，这个世界对我们并不总是充满善意。有些人甚至让人觉得刻薄、难以忍受。但我们更应该看到这个世界好的一面。当你认真地做好一件事后，即便没有得到最初的许诺，也不要过于伤心，而是要理智地看待自己的得失，看自己在做这件事的过程中收获了什么。只要你用心了，认真做好了，你就有所收获。即使结局并不是百分百的完美，但认真做事，总不会错。

夏宇毕业后没有回老家，而是在上大学的城市找了一份较为稳定的工作，生活尽管算不上富有，但也算安逸。一次，夏宇在买早点的时候遇上了一位老同学。这位同学名叫方言，刚毕业之时回了老家，可能是老家机会少，他又回到了上大学的城市。

许久没见，老同学相遇让人觉得格外亲切，一番畅聊之后，夏宇和方言互相留下了联系方式，便各自上班去了。

一天，方言给夏宇打电话。听完了方言的一席话之后，夏宇才明白，原来方言和公司领导闹了点儿矛盾，至于谁对谁错也说不清，但方言觉得自己受到了天大的委屈，便辞职了。

方言刚上班不久，手头没什么积蓄，辞职没多久，他的荷包很快就见底了。他给夏宇打电话，一方面是向夏宇诉苦，另一方面是想向夏宇借钱。夏宇爽快地答应借给方言2000块钱。见面之后，他还请方言喝酒。酒过三巡之后，夏宇问方言有什么打算，方言默不作声了好一会儿，显得很消沉。

原来，方言是在原先的公司做不下去才到这里来碰碰运气，没想到来到这里以后也没能碰到好运。方言絮絮叨叨地说了一大堆，夏宇酒量差，基本上也没听清，只是不断地安慰方言。

不久之后，方言再一次打电话给夏宇向他借钱。这一次，夏宇也有些为难，但他不好意思拒绝，还是借了。然而令夏宇没想到的是，方言一直没找到工作。到后来，他几乎放弃了找工作，还把夏宇当成了“提款机”，这给夏宇造成了极大的困扰。

刚开始时，夏宇还尽量敷衍着方言。后来，他实在受不了。当方言又来找他时，他直接拒绝了，言辞还有些激烈。方言虽然人颓废，但脾气不小，竟和夏宇胡搅蛮缠起来，二人还差点儿动起手来。

自此，二人正式决裂。方言没再联系过夏宇，他借夏宇的钱也不还了，同时他还在同学圈里四处散布谣言，刻薄地说夏宇的是非。夏宇非常愤怒，甚至想过要揍方言，但他连方言现在在哪里都不知道。

很多人被朋友欺骗时，都会很在意，哪怕是很小的事儿也会在意，原因无外乎是太把对方当朋友了。特别是朋友出言刻薄时，更是心寒。

“我特别不理解为什么我把他当作最好的朋友，他却这样说我？”其实这个问题不需要答案。出言刻薄本身就是一件很错误的事情，还有什么友情可言呢？与语言的刻薄相比，生活的刻薄更令人难以忍受。原谅那些刻薄吧，与不值得的人保持距离，以真诚之心对待值得的人，在刻薄的世界里做一个宽厚的人，才是你应该做的。

笑着低下头的，都是聪明人

“工资那么低，工作倒是不少，凭什么啊？”

“只要对得起我的薪水就足够了，多一点儿的活我都是不会干的。”

“每天累死累活还要加班，有完没完了？”

“交给我的工作根本就没有办法完成，材料都不充分。”

类似的话经常会出现在我们耳边，有一些甚至就出自我们自己口中。种种的言语所透露出的不满虽然听起来很平常，但是却代表着一种对工作的态度。正是这种态度将聪明的人和平庸的人划分开来，形成一道“天堂”和“地狱”之间的分水岭。抱怨的一边是由永无休止的焦虑和不顺心堆砌的地狱，另一边则是由无穷无尽的激情和进取心构筑的天堂。我们每个人都站在天堂和地狱间的岔路口，笑着低下头的都是能进天堂的聪明人。

迪娜是一家大型超市的收银员，从进超市工作的第一天，迪娜就总是喋喋不休地抱怨："这个活太累了，每天要站好久啊，而且要接触很多东西，太脏了！""每天都太累了，我简直讨厌死这份工作了！"……每天，迪娜都是在抱怨中度过的。她认为自己每天都备受煎熬，每天的工作就像奴隶卖苦力一样。迪娜将太多的精力用在逃避工作上，她每时每刻都注意观察同事和顾客的眼神与行动，稍有机会，就偷奸耍滑，即便手中的工作很多，也总是应付了事。

几年过去后，当时与迪娜一同进入超市的三位收银员，各自凭着积极的工作态度，或者另谋高就，或者在公司内部担当了更加重要的职务。只有迪娜自己，每天仍旧一边抱怨着，一边做着让自己厌恶的收银工作。

人的成长很多时候就像小草的成长一般，"没有花香，没有树高"，忍受着风吹、雨淋和日晒。小草虽然看上去渺小，可是却很坚强，不怕寂寞，没有烦恼，坚韧地生长着，风雨过后又会直起腰来。因为小草从不抱怨，面对挫折苦难只是低头默默地承受，埋头将所有的力量都用在生长上，最后让自己的生命力顽强地提升到烧也烧不尽、踩也踩不死的境界。

这个世界充满了机遇，在我们抱怨的时候，其他人都在努力成长。所以，别抱怨太多，别担心太多，等到自己从一棵嫩芽长成一株参天巨树的时候，就会发现，当初自己心中的烦恼是多么幼稚可笑。

这个世界是要凭借实力说话的，所以行动才是第一位。一味地抱怨只会降低我们的行动能力。在我们想要抱怨的时候，不如低下头来，选择沉默，用行动来证明自己。

小孟和小钟在同一家公司工作，不同的是，小孟是一个新员工，而小钟则早来了一年。

一天，小孟对小钟说："我决定辞职不干了。这是什么破地方啊，我简直恨透了这家公司！"小钟对他说："我也是这么认为的。我觉得你应该等待一个更好的时机，现在辞职并不是一个最好的时机。如果你再等等，就能够起到让公司后悔的效果了。"

"这话怎么讲？"小孟问道。小钟解释说："你要是现在就离开的话，对公司可以说起不到任何的影响。但如果你要是继续在这里干下去，等以后手里有很多大客户了再离开公司，顺手也把客户都带走，那岂不是会让公司吃个大亏？”听了小钟的一番见解之后，小孟觉得非常有理，于是便放弃了辞职的心思，开始努力工作起来。

半年过后，小孟真的做到了小钟当初所说的那种情况，手中拥有一些很忠实的大客户。这时，小钟与小孟再次说到半年前的那个话题。“现在时机已经成熟了，跳槽就要趁现在。”小钟对小孟说。小孟听了，摇摇头笑着说：“我已经改变主意了。经理前两天还找我谈话，说准备升我当总经理助理，我暂时是不会离开这家公司的。”小钟会心地一笑，拍了拍小孟的肩膀，因为这就是当初他对小孟说那些话的目的。

小孟经历的很多人也都经历过。现实与理想之间总是有差距的。当工作远没有自己想象的那样顺利时，即便自己没有被有意针对，也会觉得所有人都在跟自己作对。事实上，只看到现状的人总是不停地抱怨，无奈地浪费着时间，终日生活在怨愤当中，而能笑着低下头的人，才会去努力适应现实，才会拨云见日，成为现实的强者。

小西是一家广告公司设计部的主管，也是公司的精神支柱，之所以这样说，是因为小西面对任何棘手问题，都能找到对策。就像设计部现在正在进行的一个案子，客户方面只是确定了要与他们公司合作，却没有给出一个成熟完善的想法。没有想法，导演只能根据自己的理解来拍片，加上员工各抒己见，拍出来的片子总是不尽如人意。

负责剪片的同事在剪片子的时候，总是找不出合适的思路，怎么剪都是一团乱麻，根本体现不出产品的特质，这让客户十分恼火。小西没有向客户发难，她召集同事开会，确定出了一个切实可行的文案，拿给客户过目，结果客户还是不满意。小西依旧很沉得住气，她与客户方的负责人进行了更为具体的交流，继续依照客户模糊的要求反复修改，终于定下了方案。之后，小西又安排时间，让导演补拍了客户需要的内容。

在此期间，客户又几次推翻了之前已经确定好的文案，阻碍了拍摄进度。无奈，小西就拍摄内容一条一条地与客户反复协商，终于艰难地完成了拍摄工作。到了剪片环节，小西亲自操刀，与客户落实好每一处细节，直到整部片子剪完。然而，客户似乎有意为难小西，在交片时，客户又提出了不满意的地方，片子需要重剪！

当时，全公司的人都非常气愤，觉得这位客户根本就是在鸡蛋里挑骨头，无事生非。被这位客户打击得太多，大家都不想继续干下去了，只有小西，依然冷静地找到客户，询问对方有哪些不满意的地方，然后与客户一起将片子再一次剪完了。这回，片子终于达到了客户的要求。而且客户还与公司签订了长期合作的合同，并指定小西为项目负责人。

公司方面，因为小西能够在屡遭打击的情况下继续坚守，始终以饱满的精神状态应对挑战，老总决定晋升小西为主管业务的副总。

小西在做这个项目期间所经历的失败可不只有一次两次，但她每次都能够在暂时的失败后，低下头去继续努力，继续尝试与客户沟通，尝试新的思路。做人，只有像这样不惧失败、不屈不挠，才不会给自己留下任何遗憾。这样的人也才是真正的聪明人。

你可以偶尔倦怠，
但要一直在状态

生活总在重复，日复一日，年复一年，很多东西都是一成不变的。这种一成不变让很多人渐渐习以为常，渐渐麻木倦怠。如果每天总是围绕着柴米油盐转，我们原来对生活的一切兴趣和热情都将磨灭殆尽。于是，我们失去了热忱，失去了激情，陷入了消沉的状态。

激情源于对生活的热爱，而平淡的生活会慢慢地稀释掉这种热情。当这样的生活无休止地循环往复，人们往往就会因此变得疲劳、厌倦，很多时候都不在状态。没有激情的生活如同一张白纸，单调苍白，死气沉沉；也如同水面上的浮萍，随波逐流，永

远靠不了岸。

有一些人，内心本来充满激情和希望，在经受一次次挫折和打击之后，便觉得前途无望，对自己彻底失去了信心。还有一些人对周围的人或事不满意，或者遭受了不公平的待遇，于是对一切事情都失去了兴趣，以至于生活空虚，精神怠倦，觉得活得没意思。

看看现在走在大街上的人，几乎每个人都有着相同的倦容，以及如同死灰般的消沉；一双双空洞的眼睛，没有任何感情，任何光彩，生硬地镶嵌在脸上。他们被生活折磨成了机器人，每日重复单调的生活。他们完全进入了倦怠消沉的状态，如同冬眠的动物，懒得理会周遭的人情世态。

李俊和杨阳是大学同学，两人的关系很要好，大学四年，一直是一起吃一起住。但是两个人的性格相差很大，李俊比较沉稳，喜欢安逸；杨阳比较强势，喜欢挑战。毕业季到了，两人都为自己的前途忙碌起来，最终李俊进了一家国企，杨阳选择了一家外贸公司。李俊劝杨阳说：“你还是进国企吧，比较稳定，几乎可以安稳终老的。”杨阳说：“面对稳定和挑战，我必然选择挑战，这样人生才更有趣味。”

国企相对稳定，李俊的生活也很平静，像一潭平静的湖水，没有半点涟漪。他早已习惯了平静，每天上班下班，如同喝白开水，毫无味道。日复一日的重复让他开始倦怠，同事间的钩心斗角也让他日益麻木。渐渐地，他失去了对工作的热情，甚至开始厌烦。尤其是在几次晋升都与他擦肩而过之后，他彻底消沉下去了，整日生活在抱怨之中。他对于当初自己的选择深感后悔。杨阳在外贸公司从小职员做起，渐渐升为主管。他似乎有用不完的激情和力量，每一天都勤勤恳恳、毫不懈怠。他的下属都在背地里说他是机器人。后来他自己开始承包一些项目，这对他来说是全新的挑战，再后来他成立了自己的外贸公司……

眨眼间10年过去了，两人都成家立业。同学聚会的时候，两人重逢，李俊是普通的职员，而杨阳却是成功的企业家。李俊开始抱怨生活的不公和无趣，然后对杨阳说："当初我应该跟你做相同选择的。"杨阳安慰说："无论在哪个领域，只要不倦怠消沉，都能取得辉煌成绩。"

人生之中最少不了的就是激情，最不该有的就是倦态和消沉。李俊如果也像杨阳那样不断挑战自己，也一定会收获自己的成功，正是倦怠的心态害了他。

人生无法走回头路，选择了就无法改变，所以千万不要让倦怠扼杀了自己的潜力。生活中失去了激情就等于失去了动力和向心力，只会让自己越来越偏离轨道，不在状态。那么如何才能够让自己重新回到正轨呢？这就需要舍弃怠倦消沉的心态，找回自信和正能量，找回生活的新鲜感和动力，让自己的生命变得鲜活起来。

只有舍弃怠倦消沉的心态，让自己找回原来的状态，才能达到预期的目的，走向成功。激情源于对生活的热爱和对自己的信心。我们只有不断提升自己，让自己充满正能量，才能走出消沉，走出怠倦，永远充满激情地前进。

你总害怕失去，所以你一直在失去

李青大学毕业后，听从父母的安排，进入了一家国企工作，待遇虽然不高，但工作还是相对稳定的，对于求稳妥的李青来说，还算不错。

两年以后，大学同学组织了一次聚会，李青乘兴而去，败兴而回。

究其原因，就是同学们都发展得太好了，其中有几位毕业后进了外企，打拼两年，现在的收入都按照年薪计算了！而反观李青自己，整天重复做那些固定的、简单的、枯燥的工作，领着不高的工资，过着无聊透顶的生活，想想就生气。于是，李青决定换一份工作，正在筹谋时，机会来了。

李青的一位同学在同学会上了解到李青的情况后，就介绍李青来自己所在的公司工作。这家公司实力雄厚、发展前景非常好，待遇也非常优厚。公司里全是行业内的精英，对个人的成长促进作用很大。

总体来说，这家公司真的非常适合李青，可以说这是一个难得的机会。

李青如约来到这家公司，因为是熟人引荐，所以公司总裁亲自对李青进行了面试，并对她的表现感到非常满意，当即表示期待李青能加入公司，成就一番事业。李青表示会认真地考虑。

但是，令所有人瞠目结舌的是，几天后，李青表示放弃这次机会，她还打算在原来的单位里浑浑噩噩地混日子。

她的同学非常不解，以为她不满意公司给予的待遇，希望她能解释一下。

她回答道："不是你们公司不好，而是你们公司太好了，如果我做不好怎么办？大公司那种竞争氛围，我目前可能会适应不了，与其到时候进退两难，还不如就在现在的地方待着，比较安心。"

这位同学顿时哑口无言。

因为害怕失去，就一直不伸出手；因为害怕失去，就不再迈开腿。如此畏首畏尾，即便再好的机遇摆在眼前，又有什么用呢？

李青这样的情况并不是个例。很多人在没有机会时会迷茫不前，而在机会到来时又焦虑不安，担心机会是昙花一现，于是一次次地失去眼前的机会。

欣然从某大学服装设计系毕业后，进入了当地一家服装厂工作。欣然在厂里从事的是服装质量检查的工作，几个月后，她深感自己现在的工作与专业不沾边，对自己的专业能力提升没有帮助，于是想要辞职。这时，一位同事暗暗告诉她，很快她将调任设计部。

对这个机会，欣然很感兴趣，可是她面前还有另一个更好的机会，她的一位师姐邀请她去一家非常有发展前景的服装工作室，从事服装设计工作。

考虑再三，欣然决定拒绝师姐的邀请，继续留在现在的单位里等待调职。

欣然到了新工作岗位后，做得还算顺利。没过多久，一场全国性的服装设计大赛开始了。

众多年轻设计师纷纷报名参加这次设计大赛。欣然的公司却规定工作满两年的设计师才可以报名参加，而欣然因为刚入职不久，失去了参加这次大赛的资格。

欣然的师姐建议她辞去现在的工作，以个人名义参加这次大赛。师姐认为她能力还可以，起码能通过初赛。如果能进入后面几轮，那一定会有更好的设计公司向她抛出橄榄枝。

但是思忖再三，欣然还是放弃了比赛。她说："我参赛的成绩再好，最后也需要找一份踏实的工作啊！万一成绩不好，岂不连手上的工作也没有了。"

就这样，欣然在一次次的退缩中，放弃了让自己变得更出色的机会。

很多年后，一同毕业的同学们都成就斐然，只有欣然，一次又一次地害怕失去，一次又一次地放弃机会，现在的她只是一名普通的服装设计师。

每个人都年轻过，年轻人拥有什么？青春、容貌、学历、智慧、健康、时间，这些金光闪闪的物什，每一件单拿出来都足以让人心动不已。

因此，年轻人真的要有底气去拼一把，别总想着给自己留后路，有后路的前程都会大打折扣。

总是患得患失，就会畏缩不前，有的时候想得简单点反而更好。每个人都怕失去，这是人的正常心理，但越害怕失去就会抓得越紧，抓得越紧就越容易失去。所以，不用过分在意和害怕失去，用初心去判断，去选择，就算最后失去了，感到痛苦，那也是每个人都必须经历的，你至少可以懂得如何面对失去，学会珍惜。

不惧被“算计”，上天不会亏待认真的人

人心，是世界上最难琢磨的东西。有的时候你会发现，你连自己都搞不懂自己在想些什么？在做些什么？人心里装着太多自相矛盾的东西：善良和凶恶、诚实和欺骗、忠诚和背叛……

周晓彤是一个善良温柔的姑娘，刚走出大学校门的她在一家大型外资企业的企划部做文案策划。周晓彤十分上进，工作不论分内分外，都做得踏踏实实。

有一天下午下班的时候，一位平时相处不错的同事拿着一份文案找到正在收拾东西的周晓彤，说自己手头有个比较急的工作

做不完了，但她今天和男朋友约好一起吃饭，希望周晓彤能帮她完成这个工作。周晓彤接过文案翻了翻，觉得自己能够胜任，便应承下来。最后，她在公司加了差不多4个小时的班，才将文案处理完。

第二天，周晓彤将文案交给了同事，并让那位同事好好检查一下，看看有没有问题。谁知那个同事并没有仔细检查文案，只是随便翻了翻就递交上去了。

中午快下班的时候，企划部领导召开紧急会议。原来，周晓彤帮着处理的那份文案出了错，一个很重要的数据被遗漏了，要不是领导及时发现，公司很可能会因此遭受很大的损失。领导大怒，将那个同事找来谈话，结果那个同事把错全推到了周晓彤身上，将自己摘得干干净净。

在会上，领导十分严厉地批评了周晓彤，问她知不知道自己的职责是什么，为什么做自己胜任不了的工作。周晓彤被骂得哭了出来，同事们都看着她，有人同情，有人幸灾乐祸，而始作俑者——那个同事则有些内疚，但又有些庆幸——有人替她背了这个黑锅。

下班后，周晓彤给闺蜜打电话，委屈地哭诉道："我好心帮她，为什么出了问题她却将责任全部推给了我。我明明让她好好检查一下的，真是好心没好报！"

闺蜜听了她的话，说道：“不是每个人都值得你好心相待的。”

世界就是如此现实，人心难测，善意有可能错付。但是小事上栽跟头，可以在大事上赢回来。被人利用就利用了，说明你还有利用价值；也别怕被人算计，在这些考验和挫折中你会获得成长。

一家跨国贸易集团董事长需要两名助理，经过一番选拔，李京和胡乐两个人脱颖而出，成为最终的胜利者。当两个人意气风发、准备大干一番事业的时候，人事部主管的一番话一下子浇灭了两人的热情。

“你们每天的工作就是打杂，主要就是负责董事长办公室的文件收发、会议期间做记录、安排董事长行程等。”

李京与胡乐都是名牌大学毕业的优秀学生，却只被安排来打杂。胡乐对此不能理解，认为这是这家公司的轻侮之举，自己完全被耍了，气愤之下，他拂袖离开。

但李京没有走，他觉得公司一定清楚自己的教育背景和条件，这样安排一定有公司的理由，于是，他决定试一试。

在三个月的试用期内，李京整天围着董事长转，重复地做着主管一开始就告诉过他的那些日常琐事。董事长没完没了地让他做各种杂事，他简直成了董事长的保姆！

可是，他并没有厌烦，很多时候，董事长会打电话将半夜还睡得迷迷糊糊的他叫醒，交代他去办一些重要的事，对此，他表示理解，而且并不认为那是刁难和压榨，他反而觉得那是领导在历练自己。在这三个月中，李京了解了一个企业领导的行事思路和企业的经营方法，进步很快。

终于有一天，董事长对他说："小伙子，你不觉得我是在欺负你吗？"

李京笑笑道："不，您在帮助我成长。"

仅仅一年后，李京就被晋升为行政部门主管。之后，他开始按照董事长的方式训练新人。

李京在看似打杂的忙碌中熟悉着自己的工作环境、工作职责，他并没有过多猜测自己下一步的工作会是什么，更没有好高骛远地朝着某些自己向往的方向多使劲，而是认真地做好董事长布置的每一个任务。

我们应该能预见到，即便李京最后离开了这家公司，他在这家公司锻炼出来的处理琐碎事情的能力，也足够他胜任大多数公司的行政岗位了。

当你赌不起、猜不透时，不妨脚踏实地地向前走，越是认真地向前走，越会发现前面的路更宽，选择也越来越多。努力越多，你的世界就会越大。

这个世上最难读懂的是人心，最难把握的是人与人之间的感情。对待这颗看不透的、百变的人心，我们能做的只有去面对，去体会，去品味……

Part 04

没人喜欢你？
那你好好反省一下！

你要变得更好，更要努力发现自己的好

“有一天你会突然发现，你的好，对别人来说就像一杯水，喝了就没了；而你的不好，就像一粒种子，会生根发芽。这就是人性！”这是电影《芳华》中的一句台词，也是很现实的一句话。

李静雯硕士毕业后在某大型贸易公司的项目部任职。项目部是该公司的核心部门，李静雯在此部门任职，觉得这是公司对自己能力的认可，并认为自己能在该公司有一番大作为。

刘思琪也是该公司的一名员工，与李静雯相比，她要显得平凡很多。她的学历没有李静雯高，任职客服部，而客服部与项目部在公司的地位不能相提并论。虽然李静雯几乎与刘思琪同期入职，但李静雯似乎看不起刘思琪，总认为客服部不过是给公司打杂的。带着这种优越感，李静雯在工作上并不十分投入。此外，她还自视甚高，很少主动与其他同事沟通。

刘思琪与李静雯不同，她在工作中极其认真，即使是一些琐碎的工作，她都做得十分周全。遇到一些不懂的问题，她也会虚心求教。

时间一久，公司对她们二人的态度就发生了明显的变化。李静雯因为工作不积极，没有在工作中发挥应有的价值，遭到了公司的批评。刘思琪因为工作积极，在平凡的岗位上表现出过人的才干，被提拔为总经理助理。

升职之后，刘思琪在工作上更加投入，还利用业余时间给自己充电。她知道，职位越高，责任越大，对能力的要求也越高。相比刘思琪，李静雯则表现出一副愤恨不满的样子，认为公司没有正视她的才能。对于刘思琪的高升，她认为那纯属靠运气，并认为刘思琪资质有限，不可能有更大的发展空间。

一年后，人事部的一位主管辞职。刘思琪因担任总经理助理，经常协调各部门的工作，且工作能力出众，被公司任命为人事部主管，补上了这个职位的空缺。两年后，她又被任命为人力资源部门的总监。在三年多的时间里，刘思琪实现了从一名普通员工到公司高层管理者的飞跃。同样是三年多的时间，李静雯却仍在项目部供职，并逐步被边缘化。

一个人能否变得更好，主要取决于他自己。只要他能积极努力，把事情做得尽善尽美，并不断提升自己，他就会变得更好。即便一时之间没人发现，也总会有被发现的一天。相反，如果一个人总是消极懈怠，不能体现出自己的价值，而且又不思进取，即便此前再好，以后的他也注定是黯淡无光的。

“自助者天助之，自弃者天弃之。”已经无法改变的学历、资历、人际关系、机遇等都只是我们的过去，只要我们不断提升自己、超越自己，我们就会变得更好。即便无法决定事情的开端，也总能把握好结局。

林欣与陈中一起到一家律师事务所面试。林欣毕业于某知名大学的法学院，成绩优异，能力出众，在校期间就曾经多次随老师参加司法实践，有着非常扎实的理论和实践基础。而陈中则是一所普通大专院校毕业的法学专业学生，资质平平，成绩一般，司法实践也参加得不是很多。

相较之下，林欣觉得自己胜出的可能性非常大，谁知事务所竟然将两个人都留下了，并安排她们两个都从基础的律师助理开始做起。林欣有点不理解，她认为无论是学识还是能力，甚至包括经验，自己都远胜于陈中，可为什么自己却要和陈中处在同一级别，去做相同的工作。

林欣的这种不服气直接影响了她的工作。自从她跟陈中一起工作后，她就整天无精打采、事事拖沓。原本凭她的实力能够轻松解决的事情，却久拖不决，严重地影响了工作效率。

反观陈中，自从进了这家律师事务所，她每天都笑容满面、精神百倍地投入工作，在很短的时间内进步很快，理论和实践能力都有了明显的提高，甚至能够独当一面，代表律所单独地处理一些问题。

有一次，在代理一件案子的过程中，林欣险些犯了大错，幸好陈中及时补救了回来。事后，林欣好好地做了反省，她知道自己的实力虽然强过陈中很多，但是太情绪化，天天沉浸在负面情绪里，再好的实力也发挥不出来。于是，她调整了状态，开始与陈中紧密合作。几年后，林欣成了律师事务所的金牌律师，而陈中也成了她的金牌助理。

波动的情绪是让人不能正常发挥实力的绊脚石，而波动的情绪大都源自一个人的不自信。一位家长曾告诫自己即将步入社会的孩子说：“不管你将来过怎样的生活，从事怎样的职业，你都不能失去自信，只要你能够时刻保持自信的状态，以良好的精神状态投入生活和工作，那你就不必为自己的未来忧心了。”的确，扭扭捏捏、患得患失的人随处可见，但时刻保持自信状态的人却并不多。

所以，别去想自己能否做得更好，自己能否成为一个无可替代的人，保持好情绪，认真做自己，努力发现自己的闪光点，你一定能获得成功。

刘斌毕业后在一家公司的宣传部门试用。一天，公司的经理将刘斌叫到办公室，递给他一份公司产品的说明书，并且热情地跟他说：“小刘啊，快坐下，听说你在大学期间是校学生会的宣传部长，一定有不错的策划能力。咱们公司最近要推出一款新产品，你们年轻人点子多，你帮着写一个宣传推广方案。”

刘斌有点儿不自信了，他不好意思地跟经理说：“经理，我没有工作经验，上学期间的那些宣传活动都是小打小闹。这次的宣传活动要打响公司新产品入市的第一枪，万一让我搞砸了，公司也会有不小的损失……”经理和蔼地看着刘斌说：“年轻人，不要担心，你完全有能力做好这个工作，自信些。这样吧，你先尽自己努力写一份方案，写完后我给你改一改。”

有了经理这句话，刘斌放下了忐忑纠结的心，放心大胆地操作起来。他先找到技术研发部门的负责人详细询问了该产品的性能、用途及各式参数，之后又来到营销部了解了公司同类产品目前在市场上的销售情况。为了更直接地了解客户需求，他还亲自去跑市场，把自己公司的产品和竞争对手的产品都做了详细的调研，并且找了一些顾客做市场问卷调查。此时的刘斌俨然找回了大学时的自信。

准备工作做好后，刘斌用了三天的时间，写写改改，总算做好了宣传方案。他将方案递交给经理的秘书后，便开始等待经理的回复。但是一连几天，刘斌都没有接到经理的回复，他又变得不自信了，开始胡思乱想："一定是宣传方案写得太差了。""第一项工作就被自己做砸了，以后怎么办？"……之后的几天，刘斌都没了之前的状态，整天一副灰头土脸的样子，甚至想着是不是该主动辞职。

就在刘斌极度不自信的时候，经理的秘书将宣传方案的回复递交给了他，上面的批复清楚地写道："创意新鲜，思路清晰，切实可行。请照此实施宣传推广。"批复的签名并不是经理，竟然是公司总部的总裁。

很快，经理再次将刘斌叫到了办公室，经理高兴地说："小伙子，做得好啊！我看了你的宣传方案，觉得没什么需要改的，就直接递交给了总公司。你的方案得到了总裁很高的评价啊！你的试用期也该结束了，明天就到人力资源部办理转正手续吧！”

看到经理高兴的表情，刘斌的自信心也再度回归了。

当一个人自信地投入到一件事情中时，他的主动性、创造力都会被激发出来。自信会让他遇到困难不回避，遇到挫折不气馁，遇到问题不推诿；自信会使他敢于直面困境，立刻着手去想办法，去解决问题。就像刘斌，之前的不自信差点儿使他失去了展示自己的机会，而后来的自信则让他以最好的状态完成了宣传方案。所以，哪怕我们遇到再大的困难和阻碍，也要时刻保持自信的状态。

生活给了我们很多考验，我们经受了挫折，经历了磨炼，所以请你相信自己的好，请你自信地看待自己。即便曾经有过不好的时候，也请你原谅自己，别因为那一点点的不好，让你忘记了自己所有的好。

看不起你的不是别人，而是你自己

平庸不是错，承认自己平庸却并不那么容易，有的人担心自己被视做平庸的人，于是时刻都在演着不甘平庸的戏。

艺昕不久前加入了高中同学微信群，在群里看到有位曾经毫不起眼的同学，已经拿到了美国绿卡。

这位拿到绿卡的同学，不时会在朋友圈里发几张美国的风景照或者自己正享受美食的照片，大家会在下面默默地点赞。直到有一天，大家才得知这个消息很有可能是假消息。原来老同学A在国内一个小镇偶然碰到了这位拿到绿卡的同学。据描述，这位同学看到A同学熟悉的面孔后很是慌张，慌乱地解释了一通自己出现在这个小镇的理由。

两人道别后，A同学才在朋友圈中发现了奥秘。原来这位宣称拿到绿卡的同学在前一天刚在朋友圈发了一张在海滨度假的照片，而当A同学带着疑惑询问其他同学时，这条朋友圈已经被删除了。

大家恍然大悟，原来绿卡同学所展示给大家的一切可能只是她自导自演的一出戏，一出怕被同学看不起而演的戏。

这类网络大戏每天都在朋友圈上演着，许多人沉迷于这一出出虚假大戏中无法自拔。每个人都曾经被别人看不起过，被人嘲笑过，有的人因此失去自信，变得自卑；而有的人一直向前走自己的路，不在乎其他人的眼光。

作为大学应届毕业生，李安和其他同学一样忙碌地在各用人单位间奔波，可惜参加的面试不少，能进入复试的机会却甚少。

一次，李安与一位已经工作了一年的师兄聊天，这位师兄无意中的一句话让李安如梦初醒。这位师兄对他说："找工作没什么，只要专业对口，表现得自信些就好。正所谓'人有多大胆，地有多大产'。"所以在此后的面试中，李安改变了以往的谦逊原则，时不时在面试官面前表现出他小小的自信。

一次面试中，面试官向李安提出了这样一个问题："目前我们公司更需要有经验的人，你作为应届毕业生，会怎样克服自己的这个不足？"这样的问题不知道问倒了多少初出校门的年轻人，李安也曾在以往的面试中败在这个问题上，可是这次面试前，他已经做好了足够的心理准备，并针对这个问题提前做了演练。他确信一定能说服面试官。

李安十分镇静地回答那位面试官："我是一名应届毕业生，此前因为要完成学业，所以没有足够的时间去参与社会工作，也就没有足够的工作经验，但我有信心可以胜任这份工作。我觉得任何一家公司的招聘都如同画家购置画纸，那些有过工作经验的人，他们的画纸上已经有人在上面泼过墨了，要想再在上面绘出一幅图来，就必须按照先前的风格继续画下去。而我目前就是一张白纸，你可以在上面任意挥笔，你想要这幅画是什么样子，我想我就可以变成什么样子……"

李安简短的几句话让面试官不得不对他刮目相看，并让他获得了一个很高的分数。

在当今这个竞争激烈的社会中，出色的能力是必需的，但你所表现出来的自信则是做好一切事情的前提。所以，对于每个人来说，在保证自己拥有出众的能力的同时，一定要看得起自己，要胸怀一颗自信的心，用心中自信的光芒来展现自己的精彩。

中国女孩郭蓓菁在18岁时参加了美国的SAT考试。这一考试就如同中国的高考，能直接决定她有没有资格就读自己申请的美国大学。

郭蓓菁在美国待了6个月，这期间，她的口语已经相当不错了，但是文法、词汇和作文的水平还远远不够，所以她的SAT成绩中，数学考了780分（满分800分），但是英语只考了280分。要知道，英语考试即便交白卷也可以得到200分，不难想象280分的分数到底有多糟糕。看到成绩后，郭蓓菁依旧自信地申请了加州大学的电机工程系。

即便郭蓓菁再有天赋，那么低的英语分数也会让她被学校直接拒绝。但郭蓓菁并不气馁，她深信自己还有机会，她认为自己只要努力争取，就一定能被录取。于是，她主动给加州大学的校长写了一封信。信中，郭蓓菁进行了自我介绍。她自豪地描述了她此前在理科学习方面的一些成绩，并且向校长解释自己英语考试成绩不理想的主要原因是她刚到美国6个月。除了这两点外，她还特意强调了她的学习能力，并且表示她已经在努力弥补自己英语方面的不足。最后，她向校长表示：“校长先生，如果你录取了我，我敢保证自己会成为贵校的骄傲。”

看到这封信后，加州大学的校长约见了郭蓓菁。在两人的面谈中，校长感觉到郭蓓菁的英语水平进步很快，郭蓓菁也就英语方面的问题向校长承诺，自己的英语水平一定会提高至与其他美国同学一样。

这次约谈后一星期，郭蓓菁收到了加州大学的录取通知书，因为郭蓓菁的积极主动，加州大学录取了她。

郭蓓菁的成功离不开她的积极主动以及她对自我的肯定。心态积极主动的人是环境的改变者，他们不甘于平庸，也不怨天尤人，而是积极地面对一切，发挥自己的主观能动性，主动为自己创造有利的机会，对自己的人生负责。

每个人都能主动地为自己创造有利环境。客观条件不佳并不足以畏惧，每个人都可以选择自己想要的生活，每个人都拥有选择的自由。

没有背景无所谓，你能成为最好的风景

没有阳光无所谓，前进就是你的希望之光；身边有谁无所谓，相信有没有人支持自己都能成为主角；没有背景无所谓，因为你就是风景。

曾经有一家大型跨国企业对应聘者出了这样一道题：你认为自己现在的月薪应该是多少？10年之后，你的月薪能是多少？

当时，所有将10年之后的月薪写得非常高的应聘者都被录取了。对此，主考官解释道："如果一个人认为自己10年后的薪金和现在差不多，或者高不了多少，这很大程度上说明这个人安于现状，不思进取。一个人对自己未来的发展，连一点儿信心都没有，我们又如何能够对他充满信心呢？”

是的，水可以往低处流，因为那是水的本质特性，但是，人一定是要往高处走的，因为那也是人的本质特性。安于现状导致的思想惰怠，迟早都会影响你的人生。你只有接受挑战，才能摆脱思维的疲态，才能用创新思路突破自己。

陈峰出生于中国西部的一个边远山村。因为家境贫寒，陈峰不得不放弃学业，参加了当地的工程队，从挖水渠的苦力活干起，养家糊口。但是，陈峰并不满足于现状，他知道自己不会一辈子挖水渠。很快机会来了，陈峰应征入伍，他在部队里边训练边学习，磨炼出了坚强的意志。退伍之后，他被分配到了民政福利建筑装饰公司。

由于这是一家国有企业，所以，即使陈峰天天什么都不干，也能安然度日。但是，陈峰不满足于现状，他向银行贷款，联系工程、拓展市场，承接了一系列重大工程，打响了企业的知名度。同时，他在质量上严格把关，宁愿公司少赚钱，也不做豆腐渣工程。就这样，陈峰及公司赢得了极高的信誉，在业界有口皆碑。此后，想与陈峰洽谈合作的客户络绎不绝，公司迎来了快速发展期。但是，陈峰依然不满足于现状，他知道，只有不断挑战，不断突破，不断开拓思路，公司的发展才能持续下去，才能在日渐激烈的竞争环境中始终立于不败之地。

从一个贫困的农家子弟，最后成为功成名就的企业家，其间困难重重，充满挑战。陈峰成功后，仍然不断接受着挑战，一路高歌，不断向前。

我们走向未来最大的障碍，就是现在。我们如果不能突破现状，就不会有崭新的明天。如果冲破不了已被困住的思路，你就找不到人生之路的前进方向。如果不能创新，你就不能做一个始终走在时代前列的先锋人物。所以，勇敢接受挑战吧，你的思路只要前进一点点，突破就是触手可及的！

国内某大型时尚服饰品牌准备推出一套四季系列服装，由国内一位年轻的设计师主持设计。当作品完成后，公司特意在公司高层间举行了一场讨论会，希望能够在服装正式进入市场前尽可能地完善设计。

在讨论会上，公司一位资深的服装设计师对这套四季系列提出了质疑，认为设计理念不切实际，既不符合美学理念，也严重背离市场需求。因为这位资深设计师是公司的老员工，而且在业界享有很高的声誉，所以，公司的高层也被他说服，纷纷表示反对将这套服装投放到市场。

在形势一面倒的情况下，年轻的设计师没有畏惧权威的论断，而是胸有成竹地向与会的众人阐释了自己的设计理念，并拿出可靠的市场调查数据，证明了自己的设计是符合社会大众审美的，具有非常大的市场潜力。

他的自信感染和说服了在场的很多人，最后会议经投票得出结论，决定将这套四季系列服装投入市场。三个月后，这一服装系列取得了巨大的成功，创下了惊人的销量。

这样的事情每天都在发生，所以，你必须自信、必须坚持，将自己的实力展示出来。如果你的实力的确不掺水分，那你的努力自然会得到广泛的认可。

2012年伦敦奥运会上，女子800米的赛场上出现了令人感慨的一幕。一名来自沙特阿拉伯的女运动员萨拉，作为沙特阿拉伯首次派出的两位女运动员之一，也是沙特全国唯一的一名女子田径运动员，参加了第一轮的预赛。

发令枪响起后，第一道的萨拉就远远地落在了后面，而当第一名运动员撞线的时候，萨拉的第二圈才刚刚开始，很快，赛场上就只剩下萨拉一个人。从结果看，萨拉已经输了，但是萨拉并没有认输，她依然在坚持着，哪怕赛道上只剩下她一个人。

她按照自己的节奏，跑得非常坚定，而全场的观众随着她的奔跑，开始有节奏地鼓掌，直到她跑向了自己首个奥运会比赛的终点。

她没有认输，她成功了。当她面对媒体的时候，她说：“能代表沙特的女性站到奥运跑道上，是我巨大的荣誉！”

作为沙特阿拉伯公民，女子参赛阻力很大，而萨拉拥有沙特、美国双重国籍，她本可以不去碰这个禁忌的。但是，当她在面对国内保守势力的疯狂围攻时，当她以自己业余的竞技水准去和世界顶级的运动员同场竞技时，当赛场上只剩下她一个人在奔跑时，她没有认输，而是大步向前！那一刻，在全世界眼中，永不认输的她，唯一输掉的只是一场比赛，而赢得的，则是全世界对为平等而战的女运动员的尊重！

不断向前是我们永恒的理想，因为，所有的梦想都在前方。我们不能认输，这不仅是为了我们骄傲的过去，也是为了我们不断延伸的未来。记住，未来有你的梦想，这就是你不能低头、不能认输的理由！

振作起来吧，告诉自己：“我是永不服输的强者，我会不断前进，胜利终将属于我！”

你若不勇敢，
没人会提醒你坚强

“走自己的路，让别人说去吧。”说这句话时候，人们通常都有着不被人理解的苦闷，而“让别人说去吧”就是人们从容地调节自我心态的方式。确实，自己的路自己走，为何要在意别人的态度？如果过于在意这些外界因素，就很容易失去原有的工作和生活准则，让自己陷入不必要的痛苦和烦恼之中。

林峰从小到大都很优秀，中小学期间，他总是在班级中担任班干部，因为他的学习成绩总是名列前茅，所以老师也很喜欢他。他学习时，不论哪里有问题，老师都会热情地帮助他，给他

“开小灶”。他在整个求学期间，一直被赞扬和荣誉包围着，优秀的他就这样结束了中小学的学校生活，跨入了大学的校门。

大学期间，林峰依旧很优秀，他是学校的学生会干部，不仅学习成绩没得说，学生会的工作也做得有声有色；他乐于助人，生活上朴素大方，很多同学都对他很钦佩。可是大学的环境已经没有中学时那么单纯，不知道从什么时候开始，学校里传起了关于林峰的小道消息。林峰的父母都是领导干部，他家是一个典型的高干家庭。正因为林峰有这样特别的背景，有的素质差、心眼小的学生就开始在学校传一些风言风语，说林峰之所以一切都这么顺利，就是因为他有个好家境。带着荣誉和少许的风言风语，林峰的大学生活结束了。

大学毕业后，林峰顺利地进入了一家全国知名的企业，并被安排到整个企业里最有潜力的部门。

林峰并未因此而得意忘形。工作上，他依旧兢兢业业，一丝不苟。在与同事的相处中，他也懂得忍让和迁就，同事间相处得很和谐。林峰觉得工作中需要学习的东西很多，所以他从来没有放弃过学习，总是对新知识充满了求知欲。因为表现优秀，在短短的两年时间里，林峰连升两级，担任了项目副主管，他也成为整个企业升迁速度最快的人。

林峰的很多同事都看到了他平日的努力，知道他的升迁是他勤奋的回报，是他努力的结果。可是并不是所有人都这样看，在对他的赞扬声中也掺杂了许多不和谐的声音。

“还不是因为他爸爸是干部呀，没有这样的爸爸，他那么年轻怎么可能‘爬’得那么快？”

“原来他有这样的背景，难怪……”

这种充满嫉妒的议论最终传到了林峰耳朵里，他开始变得沉默寡言，不再像以前那么有说有笑了。他也没有去解释，因为他觉得只要自己不理会，时间长了谣言自然会消失的。谁知道，他越不解释，议论他的话就越多了起来，有的人甚至说他当了官就不理人了。面对越来越多的非议，林峰再也没有从前那种工作的劲头，他整天只感觉到压抑。

此后，每当林峰在办公室时，就会小心翼翼地面对自己的同事，他生怕自己哪句话说错了或者哪件事办得不好又让大家有了新话题。他开始前思后想，对于工作上的问题越来越不果断，他害怕自己会伤害其他人，也害怕其他人会在背后议论他。就这样，他的工作积极性日渐消退，业绩也出现了下滑，他整天思考的问题都是：“他们是不是又在背后议论我了？”

他人的非议让林峰苦不堪言，他整日惶惶不安，原本和谐的工作和生活也不再顺遂。

林峰这样的情况并不少见，年纪轻轻，职位却很高，加上他优越的家庭背景，自然会受到其他人的置疑，他的能力、他的家世也都会成为别人议论的对象。从心理学的角度看，怀疑和为难林峰的人大都是为了求得心理平衡而采取了不理智的方式，这是一般人的一种发泄方式，在很多大群体中是难以避免的。而对于林峰来说，此时所要做的就是提醒自己勇敢面对非议，控制好自己的情绪。毕竟自己的事情只有自己最清楚，理智对待非议不仅仅是勇敢的表现，也是一种给自己打气的方式，提醒自己坚强，让自己保持淡定从容的心态。

“人在风中走，难免身着沙。”每个人都生活在群体中，所以每个人都有可能被议论，都有可能成为别人一时谈论的话题，而被谈论的人也会在某些情况下成为谈论他人的人。所以，当你得知有人在背后偷偷地说你时，你需要做的就是保持淡定，权当没听见，如果是赞赏的话当然好，如果是对你的非议，那么你也不必要站出来理论。既然已经知道了别人的非议，那不妨勇敢地挺起胸膛，让众人的非议成为激励你的力量，用行动证明他们错了，让他们自己“打”自己的脸！

小王和小金同时进入某机关实习。其中，小王是某知名大学毕业的高才生，成绩优异、德行出众、办事干练、机灵活泼。而小金资质平庸，为人却有些肆意张扬。

小王很想尽早与同事们打成一片，但尝试了几次之后，小王发现同事们对自己的态度非常冷淡。小王觉得很奇怪，但又找不到原因。一个偶然的机会，小王听到了同事们的议论。

“小王总是有意无意地跟我套近乎，我知道他是想跟我学点什么！”

“其实这小伙子挺好的，不过临近考核，咱们哪有时间管他呀。”

“就是，这次只有一个晋升名额，听说已经内定了，是金处长的侄子。与其在小王那儿瞎耽误工夫，还不如去跟金处长的侄子套套关系。”他们口中的金处长的侄子就是和小王一同实习的小金。他懒惰散漫，整天不务正业，还一身的少爷脾气。

小王知道了公司的“内幕”后，心情有些低落。可是他除了鼓励自己“坚强点，别放弃”，也没有别的办法。而且同事们的态度提醒了他，如果自己不努力，就不会有人喜欢自己、正眼看自己，所以无论考核结果是不是内定，自己都要通过考核证明自己的实力。于是，小王不再胡思乱想，他变得更加努力，平时多看、多做、多学习，即使到了节假日，他也没有松懈，坚持参加各种培训班来全面提高技能。于是，在很短的时间内，小王迅速成长，成了业务尖子。

这样一来，小王的处境有了翻天覆地的变化，不仅得到了领导的赏识，就连之前一直忽视他的同事们此时也都频繁地向他示好。考核结束后，小王顺利地转为正式员工，而那位金处长的侄子则被调到了其他单位实习。

自己有足够的能力，足够勇敢，足够坚强，自然会吸引其他人的注意，自然会让其他人自发地向你靠拢。这种吸引不仅仅是喜欢，更多的是欣赏，是钦佩，是对你的认可。

生活就是一面最好的镜子，你的勇敢和坚强在这面镜子前一览无遗。别去伪装，也不需要伪装，只需在这个纷繁复杂的世界里好好地磨炼自己。当你熬过了最困难的时期，就不需要再去寻觅任何依托。你若不勇敢，谁替你坚强？他人若不懂你，何须你多言？

独处的时光，其实就是在享受寂寞

有些人喜欢热闹，喜欢朋友围绕身边嬉笑打闹，一起欢乐，让人生在这繁华精彩的世界中度过。有些人却喜欢安静，他们钟情于独处，认真倾听内心的声音。独处的静谧会让他们找到自我，不再迷失，不再混乱。

很多人都觉得独处过于寂寞，但是独处是精彩的，完全属于一个人的精彩，与自己和谐相处才是最为精彩的生活。

沉迷于热闹繁华的人，虽然过得缤纷多彩，却难以感受到真实的自我。独处是一种特别的心灵体验，能够给内心一种充实感，能够让一个人真正地放松，真正地体会属于生命本质的宁静和美丽。

一个人喜欢独处，并不代表他是孤独的，而恰恰表明他是一个情感丰富、充满智慧的人。他不爱热闹带来的刺激和愉悦，而是利用短暂的独处时间，与自己的内心进行安静的对话。这样他才能够看清自己，懂得自己真正想要的，然后寻找到正确的人生目标。

不受打扰的独处时光，能让灵魂真正地回归自己的身体，就像接受一次完美的洗礼，以清除生活带来的种种污垢和灰尘。

在现代社会，孤独已成为一种常态。在我们的邻国日本即是如此。日本社会学家三浦展在自己的著作中指出，在日本，一个人独居已经成为主流的家庭形态。一个人吃饭旅行、长时间不与他人交流，这样的生活方式在日本年轻人中越来越常见。

在我国，孤独问题也日益凸显。有人在某网站提出一个问题："在什么时候，你突然觉得自己很孤独？"回答者众多，有的回答让人会心一笑，有的让人忍不住鼻酸：

"小区门口的快餐店在做'汉堡买一赠一'的活动，来参加活动的都是小情侣或者一家人，只有我一个，守着一张桌子，默默吃完了两个汉堡。"

"一个人去吃自助餐，取餐回来，发现服务员把桌子清空了。"

“半夜突然肚子疼，室友出门约会，只有我一个人在宿舍。无奈自己忍着剧痛，拿着医保卡，打车去医院挂急诊。一个人坐在空荡荡的输液室里打吊针，觉得自己被世界抛弃了。”

“硕士研究生阶段，我的研究方向非常冷门，平时学习的时候，不论是有疑问，还是有进展，都只有老师可以交流，老师忙的话，就只有自己了。这时候觉得自己真是太孤独了。”

……

可见，孤独已经成为现代人无法回避的一个话题，不论生活得多么热闹繁华，我们总有那么一瞬间会突然被孤独的情绪包裹。

有人说：“孤独的人是可耻的。”很多人害怕孤独，他们认为感到孤独是一个人失败的标志。不过事实是，孤独，并不是一件可耻的事情；感到孤独，也不是什么失败的标志。孤独，能给我们带来平静，让我们有机会与自己对话，让我们有机会审视自己、认识自己，让我们有机会对自己未来要走的路进行更好的规划……孤独，能让我们成长。

谢宇出生于一个偏僻的小山村。与那些一放学就在田间地头疯跑瞎闹的同伴不同，谢宇喜欢画画、捏泥人，用铁丝、干草编各种小人和小动物。邻居哥哥告诉他，将来他可以考美术学院，那里的学生学习的就是画画、捏小人。不过因为家庭的缘故，谢宇最终没有考大学，高二辍学后，他在镇上开了一家汽车维修部。

小镇的生活既悠闲，又有点儿无聊。在没有活儿干的时候，谢宇就刷刷手机，看看电视，和网友聊聊天，日子就这么百无聊赖地一天天过去了。

一天，谢宇在电视上看到一则外国艺术家用废旧材料做成雕塑的报道，他想：自己以前不也喜欢用废铁丝和干草做一些小玩意儿吗？现在店里有那么多废旧的汽车零件和工具，自己也比较闲，不如拾起小时候的兴趣爱好，用废旧零件做点儿小雕塑。

从那天起，谢宇开始在工作的空闲时间做小雕塑。他在这件事上非常投入，着手做雕塑之前，他会先在纸上打草稿，将自己的想法都画出来，然后再将这些奇思妙想付诸实现。渐渐地，谢宇在小镇上出了名，有的人觉得谢宇是个不一般、有想法的小伙子，于是常常到他的维修店里坐坐，看看他的小雕塑。但是大多数人都认为谢宇“不务正业”，这么大的人了，不想想怎么赚钱，净做些没用的“破烂儿”。就连谢宇的家人都不支持他，总是劝他好好干修理工的活儿，多赚点儿钱，别瞎鼓捣了。

面对众人的不理解，谢宇没有丝毫的犹豫和退缩，他反而更加坚定地追求自己的梦想。苦于没有系统学习过艺术理论知识，他开始购买相关书籍进行学习。

一次，美术学院的一名老师来到小镇附近写生。他听说了谢宇的事情，便来到汽修店，想看看这个“不务正业”的小伙子。当看到小店角落架子上的小雕塑时，老师很惊讶，他有点不敢相信，这些“充满了奇思妙想和朴素美感”的小雕塑都是出自一个高中都没有毕业的维修工之手。他鼓励谢宇，“艺术之路都是孤独的”，让谢宇不要因为别人的不理解而停止对梦想的追求，并告诉谢宇，一旦有机会，最好能到相关艺术院校进行深造以提高自己的艺术水平。

现在，谢宇依然每天做自己的小雕塑，还在努力补习高中文化课，他打算听从那位老师的话，进入艺术院校深造。

谢宇是孤独的，说他孤独，不是因为他总是一个人待在汽修店中无人做伴，而是因为他有与周围其他人不同的思想，有自己的追求和梦想，并且他的思想、追求和梦想不被其他人理解。这样的孤独，这样孤独的人，是可耻的吗？

在未降生时，我们安安静静地待在母亲的体内，我们都是孤独的，可以说孤独是人类本真的状态。享受孤独是我们都应该掌握的能力，这不是要求我们脱离社会，不与他人交往，而是要求我们接受自我、认识自我、升华自我，只有这样，我们才能更好地成长。

周国平说：“人在寂寞中有三种状态。一是惶惶不安，茫无头绪，百事无心，一心逃出寂寞。二是渐渐习惯于寂寞，安下心来，建立起生活的条理，用读书、写作或别的事务来驱逐寂寞。三是寂寞本身成为一片诗意的土壤，一种创造的契机，诱发出关于存在、生命、自我的深邃思考和体验。”

独处让一个人拥有一片寂寞的空间，可以享受内心宁静的时光，细细品读人生。当看透这被欲望和喧嚣所覆盖的红尘俗世后，就能够读懂人生的真谛，彻底地忘掉一切烦恼和久积心头的忧郁，让自己清心寡欲、逍遥自在。

在朋友和同事的眼中，金小姐的生活十分丰富多彩。工作之余，她的日程总是排得满满的，今天和同事聚餐，明天去参加某个酒吧的开业酒会，周末晚上和朋友通宵蹦迪、K歌……总之，金小姐的身边时时刻刻都有人相伴，很少独处。

一天，金小姐的胃有些不舒服，她本想下班后早点儿回家休息，这时一个刚认识不久的朋友发微信过来，说约了一群朋友去K歌，问金小姐要不要一起去。金小姐犹豫半天，最终答应了朋友。

在KTV包房里，朋友们兴致很高，啤酒一瓶一瓶地开，小吃一盘一盘地上，麦克风在一个人手中还没有焐热，就被另一个人抢了过去。气氛实在是太热烈了，金小姐也忘了自己身体不舒服，和朋友开心地拼起酒来。正玩得高兴的时候，金小姐的胃一阵剧痛，她难受地弓起身体，眼泪也不自觉地流了下来。

为了不扫兴，金小姐借口补妆，一个人来到卫生间。在洗手池前，金小姐不停地呕吐。吐完后，她用凉水洗了洗脸。当她抬起头看向镜中的自己时，一下子愣住了。镜中的自己狼狈不堪，头发蓬乱，脸上的妆全都花了，眼睛通红……真是太难看了。

回到家中，金小姐躺在床上，突然觉得很空虚，她努力回想，怎么都想不起那些所谓的朋友的面目，想不起自己都做了些什么，她觉得自己不能再这样下去了。

后来的日子里，金小姐下班后很少再参加朋友和同事的聚会，也很少再去蹦迪、K歌、泡吧。她开始过一种全新的生活，下班后回到家里，她会做一两个自己爱吃的菜，或煲一小锅滋补的汤，打开电视，边看新闻边吃饭；吃完饭，她会去附近的小公园散个步；散步回来，她会选一部电影或一本书，然后一个人安安静静地度过一段悠闲的时光；周末的时候，她有时会约朋友爬爬山、逛逛街，有时就一个人在家，泡一杯花草茶，坐在阳台上看看外边的风景……

金小姐的生活变得越来越平淡，但是朋友们发现，金小姐变得越来越美，就算不化妆，她也明艳动人，看上去别有一番韵味。此外，她整个人也变得气定神闲，不再有之前那种惶惶然的感觉了。

意大利著名导演费里尼曾说："独处是一种特别的能力，有这种能力的人不多。我向来羡慕那些拥有内在资源，可以享受独处的人，因为独处能给人一个独立空间、一份自由……"独处，可以让我们完全从复杂的人际交往和烦琐的事务中抽身，内察自省，调整自己，以使自己不偏离现实生活的正轨。

和他人谈古论今，属于闲聊，唯有与自己的内心对话，才能听到灵魂真实的声音；和他人一起游山玩水，属于放松身心，只有自己一个人独自面对苍茫的群山和无际的海洋，才能真正地与大自然沟通。

独处是一种心态，一种性情，一种意愿，一种能力。请常常给自己留一些独处的时间，从繁忙中抽出身来，享受一下独处给我们带来的宁静。

Part 05

没有什么伤害
会永志不忘

见过世面的人，都这样“发脾气”

在日本经典电视剧《麻辣教师》中，女主角冬月是一所高中的英语老师，她为人非常善良，非常温柔，对别人的要求从来都不会拒绝。于是，办公室的老师最喜欢的就是使唤冬月，反正无论让冬月做什么，她都会乖乖去做。最初，老师们只是让冬月帮忙复印、打印、整理资料。渐渐地，老师们又开始让冬月买东西、倒咖啡、沏茶，甚至是做一些生活中非常琐碎的事情。总之，他们吃定了冬月的善良顺从，越来越肆无忌惮。

就这样，冬月总是被使唤来使唤去。有一次，她正在忙着自己的事情，这时，一位老师踏进办公室，一眼就瞄见了冬月，于是说道：“冬月老师，请帮我倒杯水。”冬月实在忙不过来，便委婉地回答道：“很抱歉，我现在正在……”“您说什么？”那位老师一脸的难以置信，冬月见此，只得放下手边的工作，给那位老师倒了一杯水。

这样的事情令冬月非常苦恼，她真的很想拒绝别人，但是每一次都会招致别人的不满，久而久之，冬月的善良就被办公室的老师们“绑架”了。后来，冬月终于想反抗一回，但她一脚刚踏进办公室，教导主任就说了句“冬月老师，请帮我倒杯咖啡”，她连想都没想，本能地就去倒咖啡了。

善良本无可争议，可每个人的善良要有原则。善良的行为是发自内心的，即便是习惯性行为也不应该被人为地“绑架”。该有脾气的时候就要有脾气，否则你的善良只会被一些别有用心之人利用，白白被糟蹋。

尹智明因为急需用钱，便到银行去取。他想要把多年的积蓄全部都提取出来，但是银行的柜台人员却以“大额的存款提现必须提前预约”为理由，拒绝为他办理业务。

尹智明很焦急，但是一时间又没有办法，忽然他灵机一动，问柜台人员：“我每一次取钱最大的额度是多少？”

银行人员回答说：“单笔最多是五万元。”

尹智明点点头，继续对银行人员说道：“我这张卡里有八十多万元，我分二十多次取总可以了吧？不，我要一次只取一万元，我取上八十多回，就在你这个窗口，你总没有什么别的规定了吧？”

银行人员听了尹智明的话之后有些发蒙，确实没有任何的条文规定不让储户这样做，但是如果尹智明真的用这种办法取钱的话，那么银行这位业务员这一天就只能给这么一位顾客服务了，而且这个银行网点也可能会因此而陷入瘫痪的境地。于是银行人员马上联系了经理，为急需用钱的尹智明打开了一扇方便之门。

尹智明没有因为银行的规定跟工作人员过多争论，而是跳出所谓的规则，换了一个思路去解决问题。他将自己本来处于有求于人的弱势姿态，转换成了让别人为难、着急的强势姿态，没有说一句生气的话，也没有提高音量，就很好地解决了自己的问题。

每个人都有愤怒的时候，但是发脾气不是一味地只顾着自己发泄情绪，要恰当地表达愤怒的情绪。有时候需要委婉，有时候需要直接，有时候需要心平气和，但一定要注意场合、时机。

陈雪在师范大学念书，一直无忧无虑的她最近有点儿烦。让陈雪感到烦恼的是她的舍友小A。入学时，小A最先到宿舍入住。当其他三个女生来到宿舍时，小A又是帮她们拿行李，又是帮她们领寝具，大家对她的印象非常好，都觉得她热情大方、乐于助人。

选舍长的时候，大家都投了小A一票。当时陈雪心想：有这样的舍友，大学生活想必会过得很愉快。

可随着时间的推移，陈雪渐渐发现小A有一些非常不好的习惯，比如：她总是在未经允许的情况下，随意翻动或使用其他舍友的物品；去食堂吃饭的时候，她总是“忘”带饭卡，让别人帮她刷卡，却从来不记得还别人钱；她还喜欢在背后说别人的是非，议论别人的隐私；在晚上大家休息的时间大声打电话；宿舍聚餐的时候从来不出钱；等等。

刚开始，陈雪她们三个女生都还比较容忍她，后来除了陈雪，另外两人都明确表示了自己的不满，和小A划清了界限。陈雪觉得大家都住在一个宿舍，这样孤立一个人不太好。就这样，陈雪成了小A在宿舍里唯一的朋友。其他人和小A保持距离，小A就一天到晚地和陈雪待在一起，吃饭用陈雪的饭卡，洗澡用陈雪的洗发水、沐浴露，聚会聚餐时要陈雪帮她出钱，有事没事就和陈雪说宿舍另外两个女生的坏话。这一切令陈雪有苦难言。

一天，陈雪趁小A不在宿舍，就对另一个舍友小B说起了自己的烦恼。小B听后对她说：“像小A这样的人，就是人品有问题。如果她需要帮助，为什么不说出来。不经过同意随便用别人东西，处处占人便宜，还到处说别人的坏话，这就是人品有问题。你知道吗？以前她还跟我说过你的坏话，因为你和她关系不错，我就没有告诉你。”陈雪很郁闷：“我也知道她有问题，可是我们都住在一个宿舍，大家低头不见抬头见，都不理她不好吧？”小B说：“我们并没有孤立她，毕竟她做的事情也不是十恶不赦，我们只是和她把话说清楚了，然后跟她保持距离。关于她的事情，我们也并没有跟其他同学说过。陈雪，你真没有必要这么容忍她。”

听了小B的话，陈雪思考了很久，她也认为自己并没有做错什么事，有问题的是小A。于是她找到小A，将自己对小A的不满都说了出来，最后她说：“如果你有需要我帮忙的地方，可以告诉我，但平时请你管好你自己，不经我允许请不要动我的东西，吃饭什么的请花自己的钱。还有，我不是很喜欢听别人的是非。”说完这些，陈雪顿时觉得如释重负。

后来，小A不再整天跟着陈雪，也不再乱动陈雪的东西了，陈雪对此很满意。虽然她还时不时地从其他同学那里听说小A在说她的坏话，但是这已经不能影响陈雪的心情了。

世界上就是有这么一类人，他们做事没有底线，不把你当回事儿，还把你对他们的好当成理所应当。遇到这类人的时候，最好的处理方式就是直接说，想说什么就说什么，有脾气就发出来，千万别忍着。

对不值得的人和事，不要浪费自己的包容心和爱心。你有能力，就与之针锋相对；你爱好和平，就与之保持距离。别说什么不想这样做，担心对方受到伤害，你什么都不做伤害的却是自己。有时候不在乎，不代表你没有脾气，不代表你就要容忍一切。对于不厚道的人、不合理的事，请别忍耐，或远离，或拒绝，或抗争，自己开心最重要！

活得精彩最重要，做错几次也无妨！

有一对兄弟，两人个性、爱好完全不同，哥哥性格沉稳，读书读得好，还有很强的领导能力；弟弟性格散漫，不爱读书，做什么事情都不用心。

哥哥比弟弟高一级，一直是学校里的风云人物。不管是老师还是亲戚朋友都说，哥哥将来是做大事的人，弟弟靠着哥哥，以后的日子也不会太差。

虽然弟弟生活在哥哥的阴影里，总觉得压力很大，不过他也很以有这样优秀的哥哥为荣。后来，果然像众人预期的那样，哥哥上了市里的重点高中。弟弟则不想上高中，他想去学厨师。

父亲和母亲商量："老二不想上高中，就随他去，反正上了高中他也考不上大学。家里没什么闲钱，老大争气，咱就努力供老大吧。"于是哥哥去上重点高中，之后又大学本科、研究生一路念上去；弟弟去了职高学厨师，毕业后跑到上海去打工。

许多年过去了，哥哥成了科技行业的新贵，依然是风云人物；而以前被认为"不会有大出息"的弟弟则当上了五星级酒店的厨师长，没靠哥哥就闯出了自己的一片天地，让众人大跌眼镜。

由于工作都非常忙，兄弟两人很少联系。有一天，哥哥突然打电话给弟弟，说他现在辞职了，要去意大利一个小镇学玻璃工艺品的制作，让弟弟以后多照顾父母。弟弟觉得很吃惊，问哥哥到底怎么了。

哥哥说："以前我每天都忙忙碌碌，喘口气的时间都没有。前一阵子竟然累到胃穿孔，我觉得不能再这样下去了，不能再为别人而活了，要做点儿自己真正想做的事情。"

弟弟觉得很不可思议："做自己想做的事情？不为别人活？你不是一直在做自己选择的事情吗？"

"哪里是我自己的选择啊！我一直活在别人的期待里。你知道吗？当你说你不想上高中，想去学厨师的时候，我有多羡慕。我也想说我其实喜欢美术，可是看到爸妈的眼神，我就没有法子张口了。"

弟弟听了哥哥的话，沉默不语。后来，哥哥真的去了意大利。一次，哥哥给弟弟发来电子邮件，里边有他在意大利生活的日常照片。照片里，哥哥穿着脏兮兮、看不出本来颜色的工作服，手里拿着吹管正在用心吹玻璃。

哥哥现在成了一个手艺人，这和他以前科技精英的形象大相径庭，不过从他晶亮的眼神中可以看出来，他现在过得非常开心。

我们所有人的人生中一定会有很多的不甘，不过其中最令人耿耿于怀的不甘想必就是：这不是我选的人生，但我不想辜负别人的期待。

于是，站在人生终点时，人们就呈现出了两种状态：第一，过完了别人安排的一场人生，即便成功了也一样是悲剧；第二，人生失败了，而恰恰是因为顺从别人才导致人生失败，这让这场失败的人生更加悲情。

有人说过："'人是什么'要比'人有什么'重要得多，也比'他人的评价'重要得多。"我们的人生是我们自己的，我们不用非得按照别人的期待去"升职加薪，当上总经理，出任CEO，迎娶白富美，走上人生的巅峰"。

在美国电影《中央舞台》中，一名从小练习芭蕾舞的女孩莫瑞恩考上了美国芭蕾舞学院，她形体条件优越，舞蹈功底扎实，被老师们寄予厚望。但是，同学们却不是很喜欢她，大家觉得莫瑞恩不过就是一个跟着她妈妈的指挥棒乱转的木偶，没有自己的思想和主张，因为她根本不会思考！

于是，她开始找回思考的本能，结果问题接踵而来。她想与朋友们出去玩，但是妈妈要求她好好练舞；她想享受美食，但是她不得不在吃饭后强行呕吐，以保持体形；她终于发觉自己讨厌芭蕾舞，但是她不得不顺从妈妈的要求，因为妈妈希望通过她实现自己没有完成的芭蕾舞梦。

最后，莫瑞恩历经痛苦的抉择，决定为自己而活。她第一次大声地告诉妈妈，她想过自己的人生。

人生只有一次，只有沿着自己的想法走下去，我们的人生才会是自己的人生，哪怕一开始走的路是错的。人生会有很多需要做出抉择的时候，应多顺应自己的本心，自己做判断，就像乔布斯所说的那样：“你的时间有限，所以不要为别人而活，不要被教条所限，不要活在别人的观念里，不要让别人的意见左右自己内心的声音。最重要的是，勇敢地去追随自己的心灵和直觉。只有自己的心灵和直觉才知道你最真实的想法，其他一切都是次要的。”

当然，每个人都有亲人，有家庭，这就需要人们不仅要为自己活，有时也需顾虑别人。但无论如何，你的人生过得好不好，不是看你有没有顺从别人的期待，不是看你有没有走上别人都想走的路，而是看你有没有听从自己的内心，活出自己的风采。

一个二十多岁的日本年轻人，一直以来都在医院工作，但那并不是他最初想从事的工作，因此，他备受煎熬，年纪轻轻就精神疲惫，毫无青春活力，他甚至觉得自己迟早会被这讨厌的工作逼死。一个偶然的机会，他听说了摩西奶奶的故事。

摩西奶奶是一名普通的农妇，居住在美国的弗吉尼亚州。她做农活做了一辈子，直到76岁的时候才开始做自己一直都喜欢的事情——绘画。这位老奶奶尽管早已过了古稀之年，但仍然精力充沛地投身到绘画之中，就像充满了朝气的孩子一样有着无限的创作激情。80岁的时候，老奶奶在纽约举办了一场引起很大轰动的个人作品展，即使在她101岁去世前的一年间，她还画了40余幅作品。

老人年轻的心态让年轻人感叹不已，于是他给老人寄去了一封信。而当时的摩西奶奶尽管已经100岁高龄了，但仍然以最快的速度回了一封信。年轻人既感动又感慨，感动的是老人对自己一个普通的日本小伙的来信竟然如此重视，还写了很多鼓励的话；感慨的是摩西奶奶如此高龄，竟仍像年轻人一般感受世界、享受人生。想想自己还不到30岁，没有理由消沉下去。于是，他辞掉了医院的工作，专心写作。在这个过程中，他重新找回了激情，再次焕发了青春活力，最终成为世界知名的作家。这个年轻人就是渡边淳一。

二十多岁的渡边淳一，有着美好的青春和体面的工作，可是为什么他生活得如此痛苦？因为他的人生没有掌握在自己的手中，他的生活是别人想要他过的。人生已经走过大半的摩西奶奶，只是一个普通的农妇，而且青春不再，可是为什么她生活得那样多姿多彩？因为她的人生掌握在自己的手中，过什么样的生活是由她自己决定的。

每个人的人生都是属于自己的，想要走哪条路，未来想要成为什么样的人，这些都应该由自己决定，所以别怕做出错误的选择，人生只有一次，活得精彩最重要，做错几次又何妨？

活得有趣，
才有心情去走人生的坎儿

玛丽亚每天都在房前的空地上练习唱歌，一位邻居听了，冷笑着说："你即使练破了嗓子，也不会有人为你喝彩，因为你的声音实在太难听了。"

玛丽亚回答道："我知道，你所说的这番话，其他人也对我说过多次了，但我不在乎，我是为自己而活的，不需要活在别人的认可里。我只知道在唱歌时我很快乐，所以无论你们怎么指责我的声音难听，都不会动摇我唱下去的决心。"

这个世界上，没有一个人能够博得所有人的满意。因为别人

的评价而不断地改变自己的人，必然会要求自己面面俱到，但即便你委屈自己、千辛万苦地做出改变，你就能保证讨得所有人的欢心吗？显然不可能！而且这种不切实际的做法，只会让你背上沉重的包袱，活得寂寞、苦闷，累身更累心！

不管我们是谁，我们都需要为自己而活，都要活得有趣，这样，我们才不会成为别人的复制品，才会不畏惧未来，大步向前进。

正如毕淑敏所说："我们的生命不是为讨别人喜欢而存在的，我们是自在之物，不必讨任何人的喜欢，就可以欢天喜地地背负大地，面朝青天。只要你认定了这一点，枷锁就能被打开，你就可以自由地呼吸了。"

阿喻是个标准的工作狂，做事很卖力，不停地加班。

一次，他和同事思凡到外地出差，正好赶上了大堵车。阿喻心里急得不行，不停地看时间，但是思凡却一点儿都不着急。

等了半天，车才移动了一点儿。思凡说前面不远处有一条河，河边风景很好，与其在路上堵着，不如把车开下高速公路去河边转转。望着堵得犹如停车场的高速公路，阿喻只好点点头。

来到河边，思凡从背包里拿出小布垫坐了下来，又变魔术般地拿出了一个装着热咖啡的保温瓶和两只随身杯。两人便在傍晚黄昏的光晕中一边喝咖啡一边欣赏风景。

思凡说：“我每天都会在身边带着咖啡和绿茶，找时间品品咖啡或茶，用来提醒我自己在这快节奏的生活中不要逼自己太紧，留点空隙，细细品味人生。”喝了口咖啡后，思凡又接着说：“等到路面疏通后，我们再出发，放心吧，要办的事情不会因此而耽误的。”

听了思凡的话，阿喻陷入沉思，在这个高速高效的社会，他总是逼着自己前进，错过了多少美妙时光。此时此刻，何不让自己放松下来，尽情品味生活呢。

像阿喻这样的人有很多，他们有个共同的信念，即忙碌是一种美德。他们为了功名利禄而努力，害怕放松，甚至会因偶得闲暇而感到惶恐。他们为生活背负了太多的责任，可他们还不明就里地说压力来自外界，其实压力更多是来自他们自己。

我们是人，不是机器，无法连续运转而不停止。该休息时就得休息，即使时间再少也必须这么做。在这个充满压力的社会中，我们必须学会给自己减压，学会活得有意思些。

年届九旬的琼斯夫人在办理养老院入住手续时，在大厅里等待了很久，才有护士过来通知她房间已经安排好了。琼斯夫人并未露出不满，反而面带微笑耐心地听护士描述房间的布局。听完后，她还兴奋地回答说：“我非常喜欢这间屋子！”

护士面露讶异之色，问道：“夫人，您还没有看到房间，怎么这么快就下结论说喜欢呀？”

琼斯夫人欣然表示：“这与我看没看到无关，快乐原本就是可以事先决定的事情啊。我喜欢不喜欢我的房间，并不取决于里面的家具陈设如何，我已经决定喜欢它了，就会喜欢！每天早晨醒来后，我都会做这样的决定！”

琼斯夫人说得真好，快乐原本就是可以事先决定的事情。心理学家维克多·弗兰克尔曾说：“人类的终极快乐，就是选择自己的态度。”只要你选择了活得有趣，快乐就会与你同在。

著名作家梭罗每天清晨醒来后，都会对自己说：“我能活在这个世上，是多么幸运的事啊！如果没有活在世上，我就无法听到雪在脚底下发出的吱吱声，我也无法闻到木材燃烧散发出来的香味，更不可能看到每个人眼中藏着的爱的光芒。”所以，梭罗每天都对生命充满了感激，他生命中的每一天都过得快乐而有趣。

开开心心是一天，愁眉苦脸也是一天，为什么我们不能像琼斯夫人和梭罗一样，每天活得有趣一些呢？我们无法预知未来，却可以把握现在；我们不知道自己的生命到底有多长，却可以安排当下的生活；我们无法左右变化无常的天气，却可以调整自己的心情。只要每天都让自己开心点，即便人生有再多的坎儿我们也能顺利跨过。

作家亦舒说："人生短短数十载，最要紧的是满足自己，而不是讨好他人。"所以，不要活在别人的眼里，不要总去想生活的磕磕绊绊，对自己好些，活出自己想要的精彩。

这世界，
唯有爱和健康不可辜负

《悲惨世界》让安妮·海瑟薇拿下了奥斯卡小金人，但很多人不知道她为这部戏付出了多少。为了更贴近角色，她采用了地狱式的节食方式，暴瘦了20斤。《穿普拉达的女魔头》里，如同魔鬼般的身材是她疯狂练习高温瑜伽和俯卧撑，只吃鱼和蔬果锻炼出来的。更有娱乐周刊的新闻说，安妮·海瑟薇为了能够瘦下来，压力过大的她选择服用药物舒压、减食欲，最后才瘦成了电影里那个模样。

安妮·海瑟薇是个有追求的演员，为了塑造角色而用牺牲健康的方法瘦身减肥，是因为她的职业需要。然而看看当下的普通人，为了减肥或变美丽，变着法儿地折磨自己的身体，就有些可悲了。美丽固然重要，可这个世界上最难能可贵的是健康，当健康不复存在，美丽又有什么意义呢？

小黑哥是一名资深的户外爱好者。他四十多岁的年纪，可看上去只有三十来岁的样子，皮肤黝黑、身材健硕、沉默寡言，逻辑思维清晰，组织能力过人。

他组织的户外活动时间大都选在周末和小长假期间。他带着队友们离开城市，去户外享受新鲜的空气，感受运动的酣畅淋漓。他的队友大都是城市里的宅男宅女，大家亲切地称呼他为“队长”。无论有谁在哪个位置喊他一句，他总是碎步疾风，三下五除二就走到那人跟前，询问是否有需要帮助的地方。

一起参与活动的经常会有新人，小黑哥总是会在某个位置停下来等着大家。爱说笑的人问他：“黑哥，你这身板以前是搞运动的吧？”

小黑哥憨笑着说：“你或许不相信，两年前爬一座海拔不足500米的山，我足足用了两个小时，而且汗流浃背，累得气喘如牛。”

这似乎不可思议，又不合情理。短短两年时间，小黑哥就能成为一名运动健将？现在的他，30分钟就可以爬一座海拔500米的山，而且到了山顶依旧呼吸如常。

有人忍不住好奇，问小黑："怎么两年的时间能让你有这么大的变化？"

小黑哥沉默了一会儿，开口说道："两年前，我每天的精力都在工作上。为了赚钱养家，每天都是工作、加班，日子好似没有终结地循环着。

"可是一次公司的体检，打破了我平静的生活，我被诊断出严重的肝硬化症状。那时的我正处在事业的巅峰期，我首先想到的是家人，如果我离开了，家人怎么办？他们再也感受不到我的爱了，而我也无法再为他们付出了。

"于是我消沉了很长一段时间，直到我鼓起勇气再次去复查，才得知自己的身体并没有那么糟糕，其他数据都很正常，只是转氨酶高，而我需要做的就是戒酒、减肥。

"那一刻的我犹如死而复生，我恨不得跟家里所有的人拥抱一下。高兴过后，我开始为自己规划新的生活，我每天都会运动，有时跑步，有时爬山，有时健身……

"有时候我会邀几个好友一起，慢慢地，一起参与的人多了起来，我也开始将这件事有组织地开展起来，现在每个周末和假期都会安排、组织像今天这样的活动。"

小黑哥的改变和努力源于对家人的爱。有时候爱不仅仅是物质上的给予，也不仅仅是精神上的鼓励，真正的爱表现为长久的陪伴，你的陪伴才是家人和爱人最需要的。

这世界，唯有爱和健康不可辜负。可是明白这个道理的人却很少。

忙碌的生活会让我们的生活失去原本的轻松和舒适，我们身心俱疲，忘了留取闲暇时间去放松，忘了给自己的心灵一个轻松呼吸的空间，忘了自己原本是自由的。

李微是一名优秀的经理人，因为工作非常忙碌，她与未婚夫的婚礼一拖再拖，直到今年才顺利地举行。

婚假有10天，李微原来准备与丈夫去海南进行蜜月旅行的，但因为她突然被调到总公司协助新项目，所以，不得不放弃了这次旅行，回归工作岗位。

在这次工作中，李微表现得极为优异，因此被调到总公司工作。虽然这次的调职增加了薪水，但同时也需要更长的工作时间，而且压力更大。作为一个有责任心的人，李微欣然接受了调职，并努力想要做好新的工作。但这意味着，李微不仅要面临来自家庭、生活、婚姻方面的繁杂琐碎，还要承担极大的工作压力。

去总公司工作后，李微似乎做得很不错，然而不久，她便开始失眠，身体也日益消瘦，心情苦恼烦闷，脾气也变得有些暴躁。李微最后决定去医院检查身体。可是医生检查了半天，也没在她身上找出什么毛病。

后来，在经过一次长谈之后，医生认为李微的问题是她自己的工作所造成的。

在李微的申请下，她终于又被调回了原职。她的健康状况很快得到了改善。

不久，李微开始能够正常地吃饭睡觉，体重也逐渐恢复了正常，脾气也变得像以往那样温柔平和了。

事后，李微说："我从这件事中得到了一个重要的教训，不要逼自己不停前行，再忙也要给心放个假。如果我们忘记了对自己好一点，承担了过多的压力，那么幸福、快乐、健康都会很快远离你。"

不管是生活压力，还是工作压力，最终都会转化为精神压力，不断地剥夺我们的爱，剥夺我们的快乐和健康。像李微一样，因为生活和工作倍感压力而痛苦的人有很多。他们往往会在忙碌中慢慢地失去自我，失去生活的乐趣。

过度地忙碌，积攒过多压力，他们的心境会悄然地发生改变，甚至他们的身体健康也会受到影响。更为可怕的是，这个变化的过程，往往他们自己是很难察觉到的。

所以，如果我们想更好地生活在这个世界，一定要爱自己、爱家人，关注自己的健康，不要逼自己不停前行，学会把自己从忙碌和枯燥的生活和工作中解脱出来，再忙也要给自己放一个假。只有这样，才能保证自己的心情舒畅，身体状态运转良好，才能做更好的自己。

所以，不妨好好想想，你是否常常没能按时吃饭、睡觉，甚至连镜子都很久没有照过了？

你的住所是否很久都没有打扫了，而且东西随意摆放，漂亮的衣服也寂寞地躺在角落里？

你的情绪波动是否较大，而且在感到沮丧的时候会习惯性地放纵自己，失眠、焦虑等现象也常常出现？

你是否每天都过着在公司和家之间往来的“两点一线”的生活，很久都没有进行过体育锻炼了？

你是否已经习惯了夜猫子的生活，而且把本该用来休息的时间都花费在了上网看电影、购物、聊天这些事情上了？

这些问题都是在提醒我们要时常自省：你爱自己吗？爱你的健康、容貌、生活、感情吗？你的身体是否健康？你的心情是否平稳？你的心态是否乐观？你的生活是否有规律？你的生活态度是否积极？如果在回答这些问题时，你给出的肯定答案多于否定，那就说明你确实应该重新审视自己的状态，好好地爱惜自己了。爱自己，无须等待，就从此刻开始付诸行动，并持之以恒地坚持下去。

生活不是只有温暖，人生的路不会永远平坦，但只要你对自己有信心，懂得珍惜自己，世上的一切不完美，你都可以坦然面对。

及时降温，经常“打击”一下自己

小沈是大四的学生，马上就要毕业了，已经到了不得不考虑出路的时候了。小沈来自西部边远地区，考到东部一所大学实属不易。这几年来在城市的生活让小沈萌生了留在这里打拼的想法，可是，自己在这里没有根基，孤身一人打拼起来会很难。所以，他一直很纠结。

这时候，最好的朋友小王对他说：“留下来有什么难的，我帮你！咱们同学谁跟谁呀，别跟我客气。我告诉你，我就是这么仗义，咱们四年的情谊，这时候不帮你什么时候帮你？你这忙我还帮定了，你什么都不用操心，放心吧！”

小王这一连串热心的话一说出来，小沈觉得小王就跟天使一样，于是安心地留了下来，开始找工作、找房子。

没过多久，小沈找到了工作，也安好了家，一切看似很顺利，但问题很快就来了。小沈工资不高，但这里是东部一线城市，房租很高，小沈第一个月就出现了资金缺口。无奈之下，小沈找到小王，希望能够借些钱一解燃眉之急，很快就会还上。但此时的小王一改当初的样子，竟然说道；“我也刚工作，工资也不高，我还发愁呢，哪有钱帮你啊！”小沈顿时无语，这就是当初那个满嘴仁义的好朋友啊！

君子也有真假之分，我们身边也许就存在着像故事中小王那样的伪君子，他们平时常常在我们身边嘘寒问暖，大讲同学友情，天天喊着有难同当。可一旦事情真的来了，他们就会立刻离去，唯恐避之不及，惹事上身。

所以，别再轻易相信那些满嘴仁义道德的人了，不论什么事情都需要自己给自己提个醒，经常接受一些这样的“打击”也没什么坏处。伤害都是暂时的，以后的生活总是会更好的。

吴明华、云明和张硕平时总是腻在一起，其他同学都叫他们“三剑客”。三个人总是一起翘课、上网、吃吃喝喝。其中，云明比较仗义，他知道吴明华和张硕家境不是特别好，因此，三个人出去玩的花销一般都由他主动承担。

转眼到了毕业的时候，云明找到了一份工作，不过工作单位远离市区，他想在单位附近租个房子住。正好，吴明华和张硕的家都在云明工作单位的附近，云明想，他们两人都住在附近，对周边的情况一定很熟悉，所以就拜托他们帮自己留意一下租房的信息。谁知，云明提出这个请求后，那两个人就玩起了失踪，很久都不见踪影。

后来，在参加一次同学聚会时，云明看见了那两个昔日的哥们儿，就问道："你们换手机号了？我都联系不上你们。"两人说没有，之后询问云明的情况。此时的云明已经安定下来，工作也做得有声有色。吴明华一听，就说道："恭喜你呀，怎么样，你发达了，还不表示表示，待会儿请我们喝酒吧？"云明一听，心里很不以为然，但还是不动声色地说道："不了，真是挺忙的，以后再说吧。"

对云明来说，吴明华和张硕就是所谓的"酒肉朋友"，平时吃喝玩乐绝对少不了他们，但只要一遇到事情，他们就会变成缩头乌龟，朋友的情谊也会被他们抛在脑后。或者说，他们有没有把"朋友"两字记在心里都不一定，心里也没有云明的位置。好在云明比较理智，在看清这一点后就及时清醒过来，不再因为对方称兄道弟的话而脑袋发热。

有时候“打击”不仅仅发生在你对友情的一厢情愿上，还发生在盲目的自信上，毕竟每个人都不是全才，再顶尖的天才也会有技术上的“盲点”。

在美国系列电视剧《生活大爆炸》中，理论物理学家谢尔顿是个天才，拥有超高智商、超高学历、超高实力。如此人才本来很讨喜，可他太自负了，除了自己，他不把任何人放在眼里，总是宣称自己的研究有多么伟大，别人的都是小菜一碟。

一次，他被一个久攻不破的难题困扰了很久，而他的一位女同事解开了这道难题，他接受不了，出言不逊。于是这位女同事每次见到他，就直呼他“傻蛋”，并狠狠地讽刺他。

像谢尔顿这种高智商人才都会被人“打击”，那我们这些远逊于谢尔顿的人还有什么好自负的呢？与其等着生活或他人给我们重重一击，不如我们自己主动自省，时不时地打击一下自己。

任何优秀都是相对的，当我们还不够优秀时，我们可以将自己现在的成绩与过去的成绩来比照。可当我们已经足够优秀，就要拿自己的成绩与他人多方面比较了。人外有人，天外有天。不要只听夸赞，而要多听听不同意见，适当给自己降降温，不时打击一下自己。

韩国电视剧《可爱先生》中有这样一个情节：拉拉服饰公司设计室女主管是一个经验丰富、实力出众的设计精英，在内衣设计领域非常有实力。她本人也非常自负、高傲，觉得自己的实力无人能及。因为公司需要扩大规模，于是，一位年轻后辈被调进了设计室。随着公司内部权力斗争逐渐升级，实力强劲的女主管与自己的下属同台竞技，争夺新一季新品内衣的发布机会。面对没什么设计经验的下属，女主管异常自信，甚至已经开始构思自己的品牌在进入市场后，该采取怎样的营销策略了。但结果出人意料，公司上层经过表决，决定推出下属的作品。

对此，女主管非常不满意，她认为这是公司上层没有眼光，看不出自己的实力。于是，她利用职权，让自己的作品与下属的作品同时进入市场，并坚信自己的作品一定会受到市场的认同。但后来的事实证明，下属设计的内衣非常符合大众的欣赏口味，销量一路飙升，而女主管设计的高端内衣受到了消费者的质疑，销量惨淡，只能黯淡地退出了市场。这次惨痛的失败如一大桶凉水浇醒了女主管，她开始反省，并最终决定去法国进修。

自信和骄傲是每个人都应有的品质，特别是骄傲，只有那些有过一定成绩的人才会具备骄傲的资本。这种骄傲不是傲慢，是一种强大的动力，可以支撑我们不断进步，不断谋求更好的发展。但是，也应该认识到，自信和骄傲要有一定的限度。

现实中，不论你是做什么的，不论你有多么优秀，你都不可能永远是最好的。时常拿自己与他人进行比较并不是攀比，也不是嫉妒，只是为了明晰自己的实力强弱。就好比你与别人同时售卖电视，一个月期满后，你可能觉得自己月销售量15台的成绩已经足够好了，但如果你知道另一个人的月销售量已经达到了40台，一对比，你应该就会冷静了。冷静后的你会认识努力的必要性，会更加努力实现一个更好的自己。

所以，当你极度自负，大脑“高烧不退”的时候，最好用别人的业绩来给自己降降温，适时地打击一下自己。只有这样，你才能成为一个无可替代的人。

谢谢你的指点，
但请你别指指点点

每个人的身边都会有一两个喜欢站在高处、对别人的一切指指点点的人。他们以高高在上的姿态自居，对别人的梦想、别人的行为总有这样那样的指责和评论，可就在你要对他们表示出崇拜、向他们虚心请教时，他们反而会躲得远远的，三缄其口。

娜娜在毕业后不久就到新公司报到入职了，陌生的工作环境，繁重的工作任务，让她每天忙到昏天暗地。

娜娜同部门的同事小艾，对娜娜的到来充满了好奇，导致每天娜娜除了整理活动方案、各式数据外，还要忙着回复小艾的各

种问题。一个星期下来，小艾已经“调查”清楚了娜娜前20年的生活点滴。

了解了娜娜后，小艾开始对娜娜的工作感兴趣。娜娜写活动方案时，小艾会说这个方案看似周密其实没有可行性；娜娜总结部门的销售数据时，小艾总会不停地从她身边路过，甚至会停下来仔细查看，看看也就算了，她还不停地发表意见，一会儿觉得数据不够翔实，一会儿担心那些数据不能说明问题。

一次次被打断后，娜娜彻底没了自信，她有些怀疑自己的工作能力，于是认真地向小艾讨教。小艾没想到娜娜会真的向自己请教，只好支支吾吾地说：“其实你写得还可以，我只是想帮你做得更完善一些。”

是的，小艾对娜娜所有的建议都是顺口说出的。她的建议没有任何理论依据，没有任何数据支持，只是想到什么就顺嘴说了出来。她的所谓建议就是一种习惯性的指指点点，真要让她说出不足，给出建议，她反而不清楚到底怎样才能更好。

就这样，娜娜在小艾的“指点”之下，在公司度过了试用期。毕竟是职场新人，娜娜对小艾的“指点”虽然有些排斥，却也无可奈何，只是她暗中打听了下小艾其人。

不打听还好，打听后才知道，小艾虽然也是公司的销售助理，但是却是从别的行业转行过来的，对于目前娜娜所做的工作没有任何经验，除了年龄比娜娜大一些，工龄比娜娜长一点之外，两个人可以说都是零起点了，而且娜娜好歹还是相关专业的毕业生，比小艾的专业能力应该更强一些。更让娜娜生气的是，小艾来公司的日子并不长，只不过比她早了两个月而已。

而且据同事说，小艾早来的这两个月，虽然工作上没什么进步，但是对公司的底子可是摸得很清楚，哪个部门的哪个员工，已婚还是未婚，家住哪里，有没有孩子，她都了如指掌。具体怎么知道的，谁也说不清楚，只是听说小艾跟谁都爱套近乎，还是个“包打听”。

了解了这些，娜娜对小艾有些排斥。她发现小艾不仅对别人的工作评头论足，对于别人的私事也甚是关心。哪个同事发了朋友圈，她肯定是第一个点赞、评论和转发的。哪个同事有点变动，她也是打听得比谁都细。实在没事可以让她“指点”时，她会对同事的穿着点评一番，经常在别人背后说三道四。

小艾的种种行为让同事们十分厌恶，却又无能为力。

总有人喜欢对别人的行为指指点点，但是面对别人的指点，我们一定要分辨清楚，分辨这种所谓的指点是发自内心的指教，还是不走心的一句闲话。

不要轻信别人的指点，多想想，多加甄别，真心的指点不是随随便便几句话的点评，而是发自内心的真诚的经验分享。

有时候我们可以漠视关系远的人的指点，但是对身边人的指指点点却不知道如何拒绝，毕竟身边人都是自己的亲戚朋友。

小莉丈夫的姐姐就是一个喜欢“指导”别人生活的人。

小莉的孩子是早产儿，抵抗力难免比其他同龄的孩子差了点。只要孩子有点不舒服，这位姐姐就着急忙慌地来了。她一进门就直冲到卧室看孩子，对孩子表现出了十二分的关心，好像小莉是后妈似的。几次小莉提醒她先洗手再抱孩子，她都会出言不逊：“你就是太娇惯孩子了，孩子才这么容易生病。我是亲姑姑，还会在手上抹了细菌害孩子？”

抱会儿孩子，这位姐姐就会在小莉家的沙发上一坐，对小莉进行各种“指导”：“你是不是给孩子穿少了？你看你自己都穿得这么少，这天凉了，怎么不记得给孩子加件衣服？”然后随手拿起茶几上的一袋饼干：“你怎么这么早就给孩子吃这个，虽说是进口的，但是你知道是真是假？就算是真的，吃多了零食，孩子也容易生病！”“你看电视上的广告了吗？孩子爱感冒是缺维生素，你晚上看看那个省台黄金档的广告，看看什么牌子的，给孩子买点吃！”

小莉无奈地点着头，只盼着姐姐赶紧走。

这位姐姐就比小莉大了那么几岁，就算她育儿经验丰富，也不需要这样对小莉的育儿方式指指点点。何况她所谓的指点大都缺乏科学性，听起来头头是道，实际上只是自己情绪的宣泄，以及对小莉不满的抱怨。

虽然两个人的关系很近，可对这种无知的指点还是早点拒绝好，不然这位姐姐一次次自以为是的指点，会对小莉的生活产生不好的影响。

无知的指点大都源于自以为是。喜欢对别人指指点点的人，每次见到你，不指导指导你的生活，他就觉得对你不够好，这会让他浑身不舒服。

Z背井离乡上大学那会儿，一次老乡会上，好不容易遇到个来自同市同区的老乡同学。聊了聊，Z发现两人除了不在一所高中外，其他生活轨迹的交集还不少，于是之后两人就经常约着一起吃饭、闲聊。

闲聊还好，Z最怕与这位老乡一起吃饭，因为一起吃过几次饭之后，他已经彻底“怕”了这位老乡的各种“指点”。

一次，两人约在一家粥铺见面吃饭。席间，Z慢条斯理地喝着粥，老乡却只顾埋头喝粥。“呼啦、呼啦”喝完粥后，他开始指正Z错误的喝粥方式："喝粥一定要趁热喝，就跟喝咖啡一样，要么喝热的，要么喝冰的。温乎的咖啡喝着和板蓝根一个味道。"一句话说得Z无言以对。其实Z只是不喜欢吃饭太快而已。

又一次，两人在食堂偶然碰见，Z点了一份酸辣粉，正埋头吃着。Z的老乡点了标准的一荤两素套餐，看到Z的酸辣粉后，他又是一通说教："你吃的是什么啊？小心吃坏肚子，这上面一层油，谁知道是什么油啊，你怎么吃下去的？咱们在外地上学，就得自己学会照顾自己，你看我这个菜多好，有荤有素……"Z有些无语了，老乡说的每句话都对，可他只是突然想吃一碗酸辣粉而已。

两人吃完饭回宿舍的路上，老乡拿出手机给家里打了一通电话，挂了电话后，他又习惯性地"教育"起Z来："咱俩认识这么久，我怎么从来没见你给家里打电话啊？你这样不行，家里肯定总惦记着你，你得经常给家里打电话。"

其实，Z基本每晚都会与父母视频聊天，只是他会选择家人都闲下来的时间而已。老乡连问都没问，就习惯性地指指点点，让Z很是无奈。

每个人都有自己的生活方式，每个人吃的、想的、念的都不一样。别总是按照自己的方式去指点别人，也别因为别人的指指点点就改变自己的生活方式。有些人“指点”别人，只是想要宣泄心中的负能量，或是对于自己的无能的一种释放方式，与指点无关，更谈不上有什么建设性意见。所以，自己的生活自己负责，大声告诉那些人：“你可以指点我，但请不要对我指指点点。”

Part 06

最好的爱情，一撩就是一辈子

你可以爱到尘埃里，但没人会爱尘埃里的你

爱情中没有低三下四，这是一个严肃且笃定的真理。恋爱中的两个人相互给予爱，但并不施舍爱。爱情从来都不是一方施舍和命令，另一方接受施舍和服从命令。如果你为爱情沦落到祈求于人和听命于人，那这让你变得卑微的爱情已经不值得你追求了。

很多人在恋爱时，会说出诸如“我求求你，别抛弃我”“我求你让我爱你”“求你带我一起……”之类的话，可是爱情是平等双方之间的情感投放，原本就不应该出现不平等的现象，这种人为造成的不平等，会让弱势一方越来越弱势，越来越失去爱的

权利，到最后只能成为一场失败恋爱的受害者。

如茵是个普通的大三女孩。她的各方面条件都很普通，拿朋友们的话说，就是那种“扔到人堆里就找不到”的人。如茵有一个男朋友，名叫陈简。陈简与如茵上同一所大学，不过和如茵不同，陈简是学校里的风云人物，是学校篮球队的明星球员，还弹得一手好吉他，每当他在篮球场上运球如风或在各个大小晚会、聚会中抱着吉他弹唱时，都有无数女生投来钦慕的目光。

陈简和如茵走到一起也是很巧。两人相识于校学生会，当时陈简刚刚结束一段恋情，情绪很不好，而如茵安静温柔，和之前围绕在陈简身边的女生完全不同。渐渐地，陈简对这个普通的女孩动了心，开始主动追求她。有这样的男生追求自己，如茵自然是受宠若惊，两个人就这么谈起了恋爱。所有人，包括如茵自己都不明白，陈简为什么喜欢她这么一个普通的女孩。

谈恋爱之前，如茵是个不爱交际的人，闲暇时光，她喜欢窝在宿舍里看看书，听听音乐，看看电视剧。可是成为陈简女朋友后，如茵开始跟着陈简和他的朋友出去玩，有时候泡泡酒吧，有时候听听演唱会……其实如茵并不喜欢这些活动，和陈简的朋友相处时，她总是觉得紧张，不过为了让男朋友高兴，她还是勉强参加。

陈简是个做事果断的人，而如茵性子有些软，并且她很怕惹陈简生气。两人相处时，事情无论大小，都是由陈简做决定。如茵就算有意见，也不敢反驳。

陈简有很多朋友，其中不乏玩得开的时髦姑娘。陈简和她们聊天玩乐时，无所顾忌。他们言语之间那难以忽视、似有似无的暧昧气息，让如茵既难过又担忧，这些姑娘，每一个都美丽大方，都能把自己甩出十八条街。有时候，如茵忍不住悄悄问男朋友，那些姑娘是谁，为什么与她们这么熟，可是陈简不以为然："都是很好的朋友，你没有必要疑神疑鬼的。"这么一来，如茵有再大的委屈都不得不忍下去。

虽然恋爱只谈了几个月时间，但是在朋友眼中，原本生活得安静自在的如茵有了很大变化，她变得小心翼翼、患得患失，在陈简面前，她就像一条招之即来挥之即去的小狗。陈简有空了，如茵就赶紧跑到陈简租住的小房子里和他腻在一起，像个老妈子似的做饭、打扫卫生，或者陪着他到处赶场子一样交际；陈简没空了，如茵就只能守着电话等他的召唤……

就在所有人都以为如茵会像这样一直低三下四地跟在陈简身边时，让人大跌眼镜的事情发生了，如茵甩了陈简，恢复了单身。后来如茵对朋友说到分手这件事："和陈简在一起的时候，我经常觉得陈简周身都发着光，让我不由自主地追随他，为他奉献一切。可是当我看到他和另外一个女孩抱在一起的时候，我突然醒悟了。是的，他的出轨像耳光一样把我打醒了。不对等的爱情，低三下四，并不是真正的爱，真正的爱应该是对等的，有尊严的。”分手后的如茵又变成了那个安安静静的姑娘，每天自在地生活，自在地呼吸。

如茵的恋爱、分手经历告诉我们，爱情是有尊严的，也是有底线的，失去了尊严，逾越了底线，爱情也就不值得守护了。我们每一个人都是爱的主人，不是爱的奴隶，大家爱的权利都是一样的。所以，你不应该高高在上地统御爱，更不能低三下四地乞求爱！

阿雅接到了某百货公司专柜的电话，通知她的丈夫定制的女式内衣已经到店，她随时可以去取。阿雅顿时感到又惊喜又纳闷：“最近有什么特别的日子吗？结婚纪念日、我的生日、我们第一次遇见的日子……都不是，他在搞什么小惊喜呢？”按捺不住的好奇心驱使她跑了一趟专柜要一睹为快。她发现丈夫买的是一款蓝黑相间、蕾丝镂空的性感睡衣，惊喜之余却又发现，那完全不是她的尺寸！这令阿雅大吃一惊！

呆呆地看着丈夫买的那件睡衣，阿雅顿时感觉整个人的心被掏空了，之前的热情荡然无存。她万万没想到，当初对她信誓旦旦的丈夫竟然做出了这种背叛她的事情。在服务员多次提醒下，她才渐渐回过神来，勉强平复了自己的情绪。她简单思考了一下，也为自己买了一件颜色款式相同但号码不同的睡衣。

当晚她刻意打扮一番，穿上了刚买的那件性感睡衣，在家里等着丈夫回家。不料丈夫一看到她，吓了一大跳，接着皱着眉头不屑地说："你有没有搞错，你根本驾驭不了这样的衣服，你发什么神经啊？"

无比羞惭的阿雅满脸通红，心里五味杂陈，她悔恨原本淡定优雅的她为什么要做这种事情，更恨眼前这个背叛她的男人，她的情绪终于忍不住爆发了出来。

一对男女由相识到相爱，再到组成家庭，将来还会生儿育女，这原本是一件多么美妙的事情。可是激情过后两人变得疏远，爱情变成了飘浮不定的气球，在灰暗的情感世界里游移。很多人感觉生活变得平淡如水，于是婚姻危机就应运而生了。

婚姻是两个人的事情，不是一个人的独角戏。婚姻中的一切，无论是物质的还是精神的，都是两个人共同经营得来的，原本应该是最美好的，但这一切，都被这个叫做"外遇"的词汇无情地否定与玷污了。这时，被背叛的那一个怎能不受伤害，不感到愤怒！

不过此时的愤怒、痛苦、迷茫都是正常的，但面对婚姻危机，你更该做的是振作精神，正视你们之间存在的问题，而不是一味卑微地去乞求爱情的回归。

若有爱，就请重归婚姻。夫妻共同努力解决问题和矛盾，维持一个有意义的婚姻。如果你能很肯定地认为，伴侣在很多方面和自己合不来，两人整日生活在痛苦和煎熬中，那完全可以一拍两散，重新赋予各自再次追求幸福的权利。

有一首诗这么写道："我爱你，与你无关，即使是夜晚无尽的思念，也只属于我自己，不会带到天明，也许它只能存在于黑暗。我爱你，与你无关，就算我此刻站在你的身边，依然背着我的双眼，不想让你看见，就让它只隐藏在风后面……"所谓的爱情，不正如诗中说的那样是爱人者个人的事情，与被爱者有何关系？爱情，不应该是占有，也不应该是索取，而是依着自己心中的爱，真心为所爱之人着想，是"你快乐，所以我快乐"。

你可以爱一个人爱到尘埃里，但没有人会爱尘埃里的你。

任何关系的底线
都是不要把自己搞得太累

并不是所有人都能品尝到最纯最美的爱情美酒。有些人在爱情来临时会顾虑重重，会考量对方的地位、职位、收入和外貌；会权衡对方是否能够提供给自己优越的物质生活，是否能让自己在亲朋好友面前挣足面子，甚至是否能改变自己的人生际遇。正因为他们放不下的事情太多太多，所以往往会忽略爱情本身。这样不但得不到最纯美的爱情，还将自己搞得太累。

瑞熙长得非常漂亮，家境也十分好。大学毕业后，她本来有个进入知名外企的机会，但是她为了男朋友韩宇放弃了。她决定跟韩宇回他的家乡，西南山区的一个小县城。

瑞熙的这一决定让她身边的亲朋好友十分吃惊，尤其是她的父母，更是激烈地表示反对。他们多次找她谈话，甚至以断绝关系相威胁，但是瑞熙的态度很坚定。

瑞熙的朋友们都认为以瑞熙这么好的条件，找韩宇那个穷小子，实在是不般配，而她竟然还要跟着韩宇去小地方受苦，真是不能理解。但是瑞熙觉得自己很幸福，她常常对自己说："谁也别想阻止我去寻找完美的爱情。"

韩宇家境不好，和他一起在小城镇上生活，吃苦受罪在所难免。虽然环境难以适应，语言不通，吃的、住的也很不习惯，但是瑞熙还是不断地调整自己，咬紧牙关努力适应。

韩宇一开始十分心疼瑞熙，但是时间长了，却觉得她过于娇气，脾气也很大。渐渐地，韩宇对瑞熙的感情不再那么热烈了，尽管他深爱瑞熙，但是现实把他的那份爱一点点消磨掉了。他开始后悔自己不计后果的感情选择。

一年以后，韩宇为了能够进本地银行工作而选择了和别的女人结婚。瑞熙伤心欲绝，欲哭无泪。

瑞熙默默离开，重新回到父母身边。大家都说韩宇没良心，人穷志短。但是瑞熙却说："感情是你情我愿的，谁也不欠谁。当我经历了这场义无反顾的爱情后，才真正懂得了怎样去爱一个人，真正懂得了成长的意义。”

是的，人生就是需要一场用尽全力的爱情，这样才能够读懂爱，学会去爱，才能够真实地品尝到爱的滋味。可是如果这份爱情需要你小心翼翼地守护，需要你瞻前顾后，考虑太多的利害得失，那么这份关系就已经不再是纯粹的爱情了，坚守下去，只会让你更累。

站在候机楼里，乔悦望着外边起起落落的飞机，泪流满面。

第一眼看到熙泽的时候，她就有预感，这个男人会让她伤透心的。可是当爱情到来的时候，没有人能够幸免，她只能任由自己一头扎进去。

乔悦是婚纱摄影机构——薇拉映像里最好的摄影师。那天，熙泽走进薇拉，指定乔悦为自己和未婚妻拍摄照片。熙泽看上去利落、干练，但又给人一种温文尔雅的感觉。在熙泽眼中，乔悦身上有一种让人感到很舒服的气质，看上去既自信独立又温柔大气，竟是他最喜欢的样子。可惜，两人相遇得太晚了，他们一个是摄影师，一个是顾客。

花了一下午的时间，乔悦和熙泽谈好了所有的拍摄细节，等到要离开的时候，熙泽有些不舍。乔悦看出来了，对他说：“你加一下我的QQ或微信吧。今天晚上我把所有的拍摄细节和注意事项都整理出来发给你，你看看还有什么需要修改和补充的，可以再联系我。”熙泽欣然应允。

乔悦和熙泽开始频繁接触，最初，两人只对婚纱照的拍摄进行交流，渐渐地，两人的话题多了起来。他们发现对方竟然和自己如此契合，仿佛各自灵魂中缺失的一部分。他们相互表示了好感。

然而熙泽婚期已定，他不可能改变他之前的决定，否则他的生活、他的事业、他的家人该怎么办呢？他的未婚妻，那个无辜的女孩又该怎么办呢？看着熙泽越来越痛苦，越来越憔悴，乔悦心疼极了。既然自己爱这个男人，就要给他幸福，在熙泽结婚前的一天，乔悦决定离开这座城市，到南方去。

几年过去了，熙泽生活得安稳幸福，有时他还是会想起乔悦，那个他相见恨晚的女孩。他的朋友曾说乔悦说走就走，完全是在玩弄他，不过熙泽自己知道，要不是真的爱他，为他着想，乔悦怎么会抛开一切，离开得那么义无反顾。

有一首歌叫《有一种爱叫作放手》，其中有这么几句歌词：“有一种爱叫作放手，为爱放弃天长地久，我们相守若让你付出所有，让真爱带我走；有一种爱叫作放手，为爱结束天长地久，我的离去若让你拥有所有，让真爱带我走。”

是啊，很多时候，就是因为有爱，我们才选择悄悄放手，选择离开。

乔悦和熙泽的爱情并没有结果，但这至少给了他们美好的回忆。如果他们选择了婚姻，就会背负内疚，那只会让彼此更累，那曾经美好的心动也会被现实打击得支离破碎。

婚姻应该是灵魂碰撞的火花，白头偕老的笃定，而不是无聊时的慰藉，世俗里的义务。适时放手一段只会让自己身心俱疲的关系，反而是对爱情最美好的祝愿。

所有分手
都是蓄谋已久

小鱼今年刚刚大学毕业，她和很多怀揣梦想的年轻人一样，毕业后没有选择回老家，而是北上，到北京这个大都市来追求自己的梦想。

小鱼在经过多次面试以后，最终进入了一家广告公司工作。工作以后，小鱼的生活变得非常规律，每天就是两点一线，来往于公司和住所。刚开始，她还没觉得有什么，但时间一长，她便觉得有些难以忍受了。辛苦工作一天后，回到家就已经累得只想睡觉，第二天睁开眼，又要爬起来去公司上班。这还不是最难受的，最难受的是周末和假日，没有亲人、朋友在身旁，又没有什么爱好的她，一到放假的时候就只能待在家里发呆、看电视。每当这时，无尽的寂寞感就会随之而来，并且总是挥之不去。到了年底，公司组织年会，很多同事都带了自己的另一半去，小鱼孤孤单单地坐在成双成对的人们中间，这让她的寂寞感更加强烈。

长久的寂寞让小鱼再也按捺不住，恰巧这时小鱼的领导——策划总监陈越在向小鱼示好，于是小鱼没有多想便答应陈越，做了他的女朋友。恋爱后不久，小鱼便搬进了陈越的公寓，她终于不用再继续忍受寂寞的生活了。此时的她并不知道，这个男人其实已经有了妻子。

但天下没有不透风的墙，小鱼还是知道了陈越有家室的事实。那天，陈越的手机收到了一条短信，恰巧陈越在洗澡，小鱼便无聊地翻开手机读取了那条短信："亲爱的老公，我明天带着孩子回北京，记得来机场接我们！爱你！"

"他原来有妻子！"小鱼惊呆了，只感觉一阵天旋地转，她竟然不知不觉地成了别人的"小三"。这天夜里，小鱼辗转反侧，怎么都无法入睡。她怨恨自己，为什么耐不住寂寞，禁不住诱惑？

次日，她忍不住打电话想跟陈越摊牌，可陈越此时正在家里陪妻子，根本不接电话。小鱼再打电话时，发现陈越的电话竟然关机了。接下来的日子，一直到周末结束，陈越都没有露过面，甚至连个解释的电话都没有给小鱼打来。

周一上班后，小鱼径直走进了陈越的办公室。

“为什么不告诉我你有太太？”小鱼满怀怨气地发问。

“这里是公司，请注意你的言行！”陈越走到门边将门关上，然后叹了口气道，“咱们之间的关系，跟我有没有太太有什么关系吗？”

“我以为你是爱我的！原来你是在骗我！”说完她放下辞职报告，头也不回地离开了公司。小鱼已经下定决心跟这场不道德的恋情彻底告别。

许多在生活中深感寂寞的人都和小鱼一样，期望可以有一个爱人陪着自己，以摆脱寂寞之感。这时的他们，其实只是把对方当作了暂时的依靠，而绝非真正的爱恋对象。虽然恋爱容易让人变得盲目，但如果因为寂寞而去盲目恋爱，就很容易让自己受到伤害，甚至可能会像故事中的小鱼那样变成破坏他人家庭的第三者，让自己身心皆受伤，还会伤害其他无辜的人，这真是得不偿失啊！

爱情是两个人的惺惺相惜，相互关怀，并不是坐在一起打发时间。我们若因为寂寞去恋爱，最终的结果反而可能是寂寞一辈子。所以，为了以后的幸福，现在就要学会排遣寂寞，而不是以寂寞为名去恋爱，不然这样的爱情只会以分手告终。

失去一段感情，或许是因为爱得太任性，那么分手的时候，请舍弃这种任性；或许是因为不懂珍惜爱，那么分手的时候，请舍弃不懂珍惜的心，用心经营新的感情；或许是因为爱得太自私而不懂得付出，那么分手的时候，请舍弃不懂得付出的心，为新的情感多付出一些。

有的分手或许蓄谋已久，但既然已经分手，就要尽早放下。用新的状态，成熟的心智，去开启一段新恋情。

他与她相恋了。他稍年长，总是处处关心体贴她。虽然他们不能每天见面，但他每天都会给她打电话，告诉她该吃饭了，该添衣了，不管多琐碎的小事儿，他都会帮她想到。朋友们都知道她的男友十分宠爱她，她也常常在心里暗暗自豪，那样优秀的男人，却独独对自己情有独钟，这让她觉得很幸福。当然，他们也有闹别扭的时候，但每次缴械投降的总是他，转身回来哄对方的也是他。

有一天，他们之间再次爆发了冲突。这次，他很生气，推开门就走了。等她第二天下班回到他们的小房子时，发现他真的不在了。他辞了职，到外地去了，他将房间里自己的东西收拾得干干净净，仿佛从未在这个小房子里出现过。

她很后悔、自责，生活陷入了彻底的悲伤之中，仿佛失去了全世界。她开始依靠酒精来麻痹自己，生活颓废不堪。漫长的等待控制了她的生命，她一直望着他离开的方向，不肯承认两人已经分手，不肯面对未来的生活。

一年过去了，他终究没有再出现。她在煎熬和痛苦中等待，可是看不到一丝希望。后来，另一个男人出现了，站在她的身后，开始呵护她。他深爱着她，但她却仍不肯转身。

很多年过去了，曾经的爱人再也没有回来，就像从未出现过。她已经快要撑不下去了，觉得自己很累了。终于有一天，她转过身，她望着他说："你一直都在啊？"男人说："是的，我一直在等你转身！"

既然前一段爱情已然逝去，这时就需要及早转身，及早放手。在爱情的世界里，没有人是完美的，有的爱情之所以会失败，都是因为有这样或那样的缺憾和不合适。重获爱情的关键在于如何去弥补这些不完美，如何让自己舍弃以前的坏毛病。

人的一生将会面对很多选择，有时候选择幸福只需要转身的那一秒钟。因为幸福离我们，永远只有一秒的距离。但是在现实生活中，总有些人不愿意放手，徘徊在人生的十字路口，不知道何去何从。

此前的分手已无可避免，千万别为了那蓄谋已久的分手而放弃转身后的美好爱情。在爱情的世界里，我们需要的不是留恋，而是转身改变自己，改变爱情的态度和观念，不断地完善自己，这样才能够让爱永恒。

爱情不能貌合神离，婚姻也要如胶似漆

大部分年轻人的生活现实就是：离乡背井，孤身一人到一个陌生的大城市打拼，寻找自己想要的生活，身边没有亲人的照拂，缺乏朋友的支持，也没有可以歇息的避风港。这些情况汇集在一起，就是一个词——寂寞。

所以，年轻人很希望能够寻找到一个愿意听自己倾诉苦恼，愿意帮助和支持自己，愿意照顾安慰自己，愿意与自己一同在这座陌生的城市奋斗下去、生存下去的人。然后以爱之名，将他与自己拴在一起。

这就是在现实的压力下，年轻人对爱的真实理解。这很可悲，爱已经成为排遣寂寞最直接的理由和最方便的手段了。所以，所谓灵魂另一半的恋人，也不过就是生活的伴儿而已。在这样的关系中，两个人都不曾为爱付出足够的努力，爱只是一种习惯。

李欣25岁了，还是一个单身姑娘。眼见身边的朋友都相继成家立业了，她也觉得自己不能再继续单下去了。在一次朋友聚会上，李欣认识了程明。程明也是单身。两人一见如故，相谈甚欢。

后来，程明提出要与李欣交往，发展恋人关系，李欣便同意了。不过，确定了恋人关系的两个人相处下来反倒不如刚见面时热络了。两个人每天都相约在固定时间见面、吃饭，吃完饭后各自回家，除此之外，再无任何活动。

有一次，李欣提出想去看场电影，程明就以工作太忙为由拒绝了。没过两天，程明说自己有了点儿时间，让李欣陪自己去散步，李欣当时正忙，便直接回绝了。

两人就是这样，各忙各的，有时间就在一起，没有时间就各干各的。后来，李欣的一个同学见她这种情况，就直言不讳道：“你这根本不叫恋爱，你们俩算恋人吗？顶多就算个伴儿！”

想找人一起吃饭或者自己不忙的时候，程明才想起去找李欣，这不叫爱，这只能称为是一种需要，一种在自己寂寞时能够填补空虚内心的填充物。对程明和李欣而言，只要能够让自己不感到寂寞，其实任何一个人都可以。

年轻人可以因为任何一个理由去爱，但这个理由绝不能是寂寞。因寂寞而找寻到的爱，是不能给你带来幸福的，它只会让你越来越厌烦爱，更何况，那根本就称不上爱。

年轻人比较容易感到寂寞，但请别仅仅因为寂寞，就破坏了自己对爱最美好的憧憬。当你遇到了自己心爱的另一半，请为了这段感情去努力，去付出，而不仅仅是为了排遣寂寞。

艾琪跟尚宇从小就认识，两人青梅竹马，无话不谈。艾琪大学毕业后，已经出落成一个美人，拥有高挑的身材、白皙的皮肤、会说话的大眼睛和温柔的性格。而尚宇却长成了一个有着小啤酒肚、眯眯眼、总是笑呵呵的憨厚小伙子。但两人对彼此很钟情，艾琪觉得尚宇总像个哥哥一样照顾自己，是自己最理想的丈夫人选；尚宇认为艾琪是世界上最美的姑娘，能娶到她，自己的人生就圆满了。

转眼到了谈婚论嫁的年龄，因为两家的经济条件都不错，很快就开始张罗两人的婚事。婚后的一段时间里，两人的确很幸福，尚宇总是宠着艾琪，让她过着公主般的生活。但是时间长了，尚宇开始忙自己的事业，没有时间陪艾琪。

面对每天忙于做饭、洗衣服、买菜、上下班的生活，艾琪渐渐地感到疲倦，甚至是厌烦，觉得婚姻没有想象中的美好。没有了单身的自由，有的是各种烦恼。

艾琪开始对朋友抱怨：婚姻太平淡了，平淡得无法忍受。于是朋友开始带她去一些夜店、酒吧寻找刺激。在一家常去的酒吧里，艾琪认识了林巍。林巍在一家外企上班，是个充满激情和浪漫的人。开始时，艾琪只是把林巍当作谈得来的朋友，但林巍丝毫不顾及艾琪的已婚身份，开始疯狂地追求她，不是送花给她，就是请她吃西餐、看电影，给她发言辞热情的信息。

渐渐地，艾琪对林巍着了迷，因为跟林巍在一起，让她重新尝到了爱情的甜蜜。

就这样，艾琪果断与尚宇离婚。尚宇虽然痛不欲生，却无法让艾琪回心转意。

离婚后，艾琪很快与林巍建立了新的家庭。然而，当激情和浪漫渐渐退却，回归于现实中的生活依然很平淡。而且爱玩的林巍根本不懂得疼惜艾琪，婚后依然常常去泡夜店。两人从一开始的美好渐渐地变为无休止的争吵。

一年后，两人的婚姻彻底结束。当艾琪从痛苦中醒悟，回想起尚宇的温情，想要重回尚宇身边时，却发现他已经再婚，有了娇美的妻子和可爱的儿子，生活过得十分幸福。

其实我们都明白，与林巍相比，尚宇才是真正爱她的人，只是艾琪没有珍惜。

婚姻本就是平淡的，它会被光芒四射的恋爱比得黯然无光。很多人都不甘于平淡，总喜欢拿婚姻跟恋爱比较，得到的就是无比的失望。男人女人都对婚姻充满憧憬。他们希望婚姻火花四溅，光彩熠熠，但是婚后的生活往往会让梦想破灭，因为现实本就平凡。

恋爱是丰富多彩的，可以花前月下，可以你侬我侬，可以精彩纷呈。但是婚姻只有一个去处——家。家让我们体会爱的温暖，也会让我们品尝不满和抱怨的滋味。

恋爱和婚姻是无法比较的，好比一杯红酒和一杯白开水。酒不可以天天喝，因为身体无法承受，而白开水必须天天喝，因为生命离不开它。只有相信婚姻，正确对待婚姻，家庭才会成为迷人的风景和温暖的港湾。

英子得知前夫再婚时感慨万分，听说他现在过得很幸福，更是觉得不可思议，还连连对朋友说：“不可能，不可能，你不会是听岔了吧？”

英子离婚前，没少在朋友面前吐槽前夫：“你们只看到了他在外面人模人样的，没见过他在家里什么模样。吃饭吧唧嘴，吃完饭不收拾碗筷，还在餐桌前抠脚丫；脏袜子扔得到处都是，经常不洗澡就上床；我俩在小区遛弯儿时，他还随地吐痰……”

朋友有些吃惊：“那你怎么忍受得了？”

英子说：“我怎么可能忍受？他一这样我就和他吵，结婚五年，我改造了他五年，结果还是失败了。”

后来，英子的朋友辗转问到男人现任的妻子。

“他有没有什么坏习惯啊？”

她说：“有啊，吃饭时爱吧唧嘴，还在餐桌前抠脚丫，脏衣服习惯到处扔……”

“那你怎么忍受得了？你和他吵吗？”

“干吗吵啊？吃饭吧唧嘴就吧唧嘴吧，他乱扔脏衣服，我就跟在后面收拾就好了。再说了，比起他的优点这些小缺点实在不算什么？”

“他还有优点？”

“我老公优点很多的。他很节俭啊，从不乱花钱。很有责任心，无论我加班到多晚，他都会去接我。他对我的父母也很好，有时候周末我懒得回娘家，他还主动提醒我回去，有什么新鲜东西也会给我父母买。”

后来，英子的朋友将这些话告诉了英子，英子沉默片刻，说：“嗯，他是有这些优点，只是每次我和他吵架时，都忘记了他的优点了。至于后来为什么吵都忘了……”

日子你怎么过，它都是一辈子。迁就和容忍，是守护婚姻的一种智慧。不合适的爱情可以选择分手，但是婚姻却不能貌合神离，很多人试图在婚姻里征服对方，却让彼此越走越远。

每一个不幸的婚姻都有各自的问题：他不够体贴，他舍不得为我花钱，他对我的父母不好，他太花心……可家应该是两个人的纽带，如胶似漆地过日子才能将双方绑得更紧。好的夫妻关系离不开尊重、信任、宽容和迁就。一段婚姻，合适比爱更长久，懂得比爱更重要，迁就比爱更完美。

没有该结婚的年纪，只有该结婚的感情

一位妈妈曾给女儿写过这样一段话："女儿啊，你一个人也可以活得好好的，千万不要随便就结婚了。除非有一个男人对你好到不行，能够保护你，照顾你，娶你是要疼你而不是期望你为他生小孩或服侍他一辈子，才能考虑结婚，知道吗？"

现代父母已经不会因为世俗的目光或者别人的闲话，就逼迫孩子结婚。他们会给予孩子最大的自由。而在这种家庭成长起来的孩子，会更有底气相信爱情，也更有底气嫁给爱情。

"我女儿嫁不嫁都可以，只要她自己能开心幸福就好。"

"我也是这样和儿子说的，结不结婚，生不生孩子，孩子随妈妈姓我都没意见，只要他幸福就好。”

“如果我儿子结婚后没有单身时过得潇洒幸福，那就没有必要为了周遭人的眼光而结婚，我只想要孩子开心。”

“爱结不结，她自己的事自己负责，只要走正途，做一个有修养的好公民就行，谈恋爱、结婚的事儿我就不管了！”

……

父母的开明，让越来越多的年轻人能掌控自己的婚姻。毕竟，婚姻根本不是领张证书、办个酒席那么简单，而是年复一年的鸡毛蒜皮和柴米油盐。如果不能给自己和家人带来快乐，那还结婚干什么?

聪明的家长早就不催婚了，但这样聪明的父母为数还不够多，有些人认为一个人的生活不叫生活，是人就应该结婚，结婚是人生的一个重大事件。不熟悉怕什么，结婚不就是两个人搭伙过日子嘛，和谁过不一样。越是这样想的人，日子往往越不顺心，因为结婚后人们才发现，过日子不是那么简单。

到底什么样的感情才应该结婚呢？三毛在谈及选择与丈夫荷西结婚时曾说：“我们结合的最初，不过是希望结伴同行，双方对彼此都没有过分的要求和占领。我选荷西，并不是为了安全感，更不是为了怕单身一辈子，因为这两件事于我个人，都算不得太严重。”

在这个早已不是“婚姻至上”的年代，人们对婚姻有了更理性的认识。“我决定不结婚了，不是真的不结婚了，而是想等到真正对的人，再结婚。”“结婚是可以的，但是我要先寻找爱情。”是啊，如果结婚后，两个人能继续原来的生活还好，可很多人是在各方面都没有磨合好之前就步入婚姻殿堂的，所以婚后生活过得很不如意。

林夕曾说过这样一段话：“很多人结婚，只是为了找个跟自己一起看电影的人，而不是能够一起分享看电影心得的人。如果只是为了找个伴，我不愿结婚，我自己一个人都能够去看电影。”林夕的这句话说出了结婚的意义，如果只是为了寻求温暖而结婚，那结婚后会发现，温暖没有寻求到，却背负了更多的责任和压力。

所以说，结婚，一定要在那个真正对的人出现后再考虑。

小露是个很美的女孩子，从外地考入北京的一所大学，毕业后就顺理成章地留在北京工作了。因为学的是文学专业，小露在公司的职位只是一名普通的文员。

上学期间，小露就交了一个男朋友。她的男朋友是北京人，比小露早几届毕业。当小露刚刚开始工作时，她男朋友已经是一家大公司的销售精英了，销售行业的收入相较于文员来说高了很多。而且小露男朋友的父母都有稳定的工作，家里还有几套房子，可以说他男朋友完全没有经济压力。

上学期间，小露很是低调，同学也很少议论她。而当小露的同事看到她男朋友开着奥迪接送小露上下班后，就议论开了。部分同事表示了自己的羡慕，更多的人则在背后议论："小露虽然漂亮，可打扮得很一般，怎么会找到这样的男朋友呢？""真的只是运气还不错，还是上赶着要嫁个优质男，然后做全职主妇？"

可无论同事们如何议论，小露还是该怎么做就怎么做。男朋友出差的时候，她依旧每天挤着地铁来上班，有时候快要迟到了，她也会气喘吁吁地一路小跑着赶时间。

每个月发工资的时候是小露最高兴的时候，虽然只有几千块钱，但她都会先考虑家人和男朋友，给他们买一些自己早就想好了的礼物。有人说小露："你这一个月的工资，还没有男朋友一笔业务的提成高吧？你干吗还整天忙忙叨叨的，干脆辞职得了。"可小露完全不在意这样的说法，只是认真地工作着。

只要是上班时间，小露很少跟男朋友联系，其他女同事总是会跟男朋友聊聊微信，或者干脆离开办公室在外面打会儿电话，可小露除非有要紧的事儿，否则不会看微信。因为小露做的是文员的工作，所以需要手动在电脑上输入很多文字，如公司的资料、合同、会议记录等，每天小露的手都没闲着。

因为过于忙碌，小露的手指疼了起来，她查了下，认为自己得了“电脑手”，休息一段时间就会好。可小露的男朋友知道了，就不愿意了，他很认真地跟小露谈：“你别上班了，我挣的钱足够我们两人花的了。你这么忙、这么累是为了什么？”

小露笑了笑说：“不行，我要上班的，我如果不上班啊，你过生日的时候，我连礼物都送不起呢。”

小露的男朋友觉得这个理由很好笑，说道：“不让你上班，是怕你累。我会把挣的钱都交给你管，如果想买礼物送我，完全可以用这些钱买啊。”

小露说：“那不一样，那样只能算是我帮你买的，不能算我送你的礼物。我拿着你给我的钱给你买东西，跟你左手给右手钱，然后右手拿出去花，有什么区别呢？我就是要上班，用我自己的付出所得给我爱的人送礼物。这样我心里会舒服很多，我会觉得自己也在努力爱你，也在用自己最大的能力爱你。”

小露男朋友没想到她会说这样的一番话，自己身边的那么多朋友，都是女朋友花着男朋友的钱，完全是理所应当的样子。而这样的小露让他心疼又感动。

经过这番讨论，小露更加勤奋地工作。年终的时候，还被公司评为优秀员工，工资涨了一级，虽然只是几百块钱，可小露高兴坏了。一向不在上班时间打电话的她，也兴奋地去给男朋友打了通电话。她告诉男朋友她被评为优秀员工，还涨了工资，并且一本正经地对男朋友表示了感谢。

她男朋友觉得有些奇怪，就问："你感谢我做什么啊？我又没有帮到你，是你自己表现好才被评为优秀的！"

小露说道："我感谢你是因为和你恋爱了啊，因为我想让你以后好好生活啊，想送给你很多你喜欢的礼物啊，所以，我才会更加努力地工作，让自己能跟你一样优秀，你就是我好好工作的动力呀……"

男朋友听了她的话，很是感动。

没过多久，小露成为他幸福的新娘。

爱一个人，不应该总想着索取，还应该想着付出，要努力用自己最大的能力去爱对方。爱是抽象的，又是具体的。"尽我最大的努力去爱你"，才是世界上最真挚、最动听的爱情誓言……爱情可以来得晚一些，但一定要是真的。

所以，即便你年过三十，也别急着结婚，别想着"年纪到了，找个差不多的就行了，何必非要要求那么高呢？"带着这种想法结婚的人，婚后大都会领悟到，差不多的婚姻，一定会差很多；凑合的结婚对象，一定无法一直凑合下去。有些关系一定不要将就。

婚姻其实是一场赌注，如果草率下注，注定会惨败离场。只有努力去爱，才能赢得胜利。我们都觉得自己曾努力地爱过，可是爱着、爱着，不是感情淡了，就是感情变味了……这世界上肯定有完满的爱，可为什么你的偏偏以惨败收场，不是因为辜负，而是因为你不尽心、不努力。

理性的婚姻，就是要谈钱

人们常说，爱情是纯洁的，不该跟金钱纠缠在一起。其实不然，爱情同世界上所有的事物一样，它不是空中楼阁，当然需要一定的现实基础。没有物质的支撑，爱情就是虚幻的。

杨舒人长得漂亮，性格也温柔，从上中学开始，就有很多男生追求她，叶修是其中之一。为了不影响学习，杨舒以“考上大学之前绝对不会谈恋爱”为由拒绝了身边的追求者。大家知难而退，只有叶修还一直坚持。但他只是默默对杨舒好，帮她买学习资料，和她一起去图书馆上自习，天热的时候帮她准备清凉的饮料，下雨的时候给她撑伞。他从不做影响杨舒学习的事情。从高中开始，直到大学三年级，叶修一直无微不至地照顾杨舒，最终杨舒接受了叶修，两个人正式走到了一起。

大学毕业后，叶修和杨舒回到家乡工作，很快就结了婚。两人的家境都很普通，两家人东拼西凑，好不容易为他们付首付买了一套小小的婚房，日子就此过了起来。

婚后的生活一点儿都不轻松，又要还房贷，又要为将来攒钱，两个人过得节衣缩食。杨舒轻易不逛街买东西，也尽量不参加朋友的聚会；上下班的时候连地铁都不舍得坐，宁愿倒两趟公共汽车；买菜的时候会仔细盘算，还常常和大爷大妈们一起抢超市的特价菜。叶修是做业务的，为了多做成几单业务，他日夜奔忙，经常半夜才能回家，而且一回家就累得倒在床上休息。

好不容易两个人攒了点儿钱，还买了一辆二手车代步，日子似乎在慢慢变好。谁知叶修的父亲突然生了重病。要给父亲治病，还要雇人照顾父亲，让两人的生活又一次陷入困顿。

和朋友聊天的时候，杨舒将胸中的郁闷一吐而出：“我真的很累很累。每天白天忙着工作，晚上回去要做饭送到医院，遇到叶修晚上有应酬，我还要陪床陪到很晚。你知道，雇的护工总没有自己尽心。除了爸爸的病情，我和叶修已经很久没有说过其他的话题了。现在，两个人一起安心地吃顿饭都成了奢望。有时候我真的不想这么过下去了，虽然我还爱着叶修，但是我知道我们之间的爱快被消磨殆尽了。”

人们说爱情是盲目的，是因为在深陷爱情的时候，我们的全部注意力都放在彼此的情感上，而往往忽略了现实的需求。可是，没有面包的爱情真的太苍白无力了，真正期待爱情开花结果的人不会荒唐到想去经营一段没有物质基础的爱情。

所以我们才说爱情是需要物质基础的，谁也不能饿着肚子谈恋爱，谁也不能风餐露宿地讲感情。对着爱情讲物质，并不是玷污了爱情的纯洁，而是为爱情由虚空实现降落铺设平台，是为了使爱情能够稳定而长久所必须准备的基础。没有这个坚实的物质基础，我们谈论爱情就像是玩一场不切实际的游戏。

豆豆最近有点儿烦，她和男朋友正在闹分手，原因是豆豆的男朋友认为豆豆各方面条件都太好了，他怕自己将来无法让豆豆过上和现在一样的好生活。豆豆对闺蜜小金说起这件事时，特别郁闷：“我早就知道他的条件不如我，可我就是喜欢他啊！我不在乎他有没有钱，我只要他爱我就好了，他怎么就是不明白？”

最后，豆豆的男朋友还是和豆豆分了手。豆豆痛哭流涕地抱着小金求安慰：“他说我永远都无法了解他的痛苦。他家在小地方，父母都年纪大了，等他攒够了在家里买房子的钱，就一定会回家。我家就我一个孩子，他说他不能太自私，让我跟他一起走，还说我值得更好的。他虽然很爱我，但是在我们之间有很多障碍，有些努力就能克服，有些可能永远无法越过去。我真的不明白，真的有什么阻碍是不能克服的？爱情中真的有无法跨越的鸿沟吗？”

另一边，豆豆男友和朋友一起喝闷酒，对朋友倾诉着：“豆豆是个好姑娘，我很喜欢她，她就像我的天使。但是我就是没有办法融入她的生活，她用一顿下午茶就能花掉我一星期的午饭钱，买一双鞋的钱就是我半个月的工资。当然，这些都不是最重要的，我喜欢给她花钱。问题是，每当我陪着她和她爸爸去应酬的时候，浑身都不自在，总觉得自己不属于那个世界。我不可能入赘，也没有能力帮她家里做生意。我相信豆豆能和我过普通的日子，可我不想委屈她。我俩之间有一条看不见的鸿沟，跨不过去，就是跨不过去。”

两个相爱的人之间都会有些什么障碍呢？年龄差距，相貌差距，经济差距，等等，这些存在于两人之间的差距就是爱情之路上的一道道障碍。年龄不是问题，老少搭配也许互补效果更明显，只要双方不介意就好；相貌不是问题，普通人生活毕竟不是选美，一般相貌就很合适；经济差距同样也能够克服，只要双方对未来的生活有信心，即便家庭条件相差悬殊，也不会成为爱情的致命伤。

那么，所谓的爱情越不过去的鸿沟究竟是什么呢？很简单，家庭背景。我们承认，爱情的确是两个人的事，但爱情发展的终点，就是婚姻，而婚姻则是两个家庭的事，是对两个家庭所有家庭成员都有影响的事情。那么，两个人发展爱情的时候就不能仅仅想到自己，还要想到自己身后的一众亲人。

爱是强大的力量，但还没强大到能够突破一切障碍。很多时候，我们被爱蒙蔽了双眼，认为只要有爱，就无所畏惧。其实是被爱情冲昏了理智，一叶障目，不见泰山。爱情之路上往往障碍重重，有些能跨越，有些就不行。

一般情况下，物质基础夯实，会使爱情因无后顾之忧而持续加深。如果物质基础不扎实，那么爱情就会经受更多的考验，很难维系。

我们以作家三毛曾说过的一句话作总结——“爱情，如果不落实到穿衣、吃饭、数钱、睡觉这些实实在在的生活里去，是不容易天长地久的。”

图书在版编目（CIP）数据

好看的皮囊千人一面 有趣的灵魂万中无一 / 黎芫著. -- 北京：台海出版社, 2019.6
ISBN 978-7-5168-2379-8

Ⅰ. ①好… Ⅱ. ①黎… Ⅲ. ①心理学－通俗读物
Ⅳ. ①B84-49

中国版本图书馆CIP数据核字（2019）第121280号

好看的皮囊千人一面 有趣的灵魂万中无一

著　　者：黎　芫

责任编辑：王　萍　　策划编辑：唐晓磊
装帧设计：李玲珑　许瑶瑶　陈卓通　　责任印刷：蔡　旭

出版发行：台海出版社
地　　址：北京市东城区景山东街20号　　邮政编码：100009
电　　话：010-64041652（发行，邮购）
传　　真：010-84045799（总编室）
网　　址：www.taimeng.org.cn/thcbs/default.htm
E-mail：thcbs@126.com

经　　销：全国各地新华书店
印　　刷：小森印刷霸州有限公司
本书如有破损、缺页、装订错误，请与本社联系调换

开　　本：880mm × 1230mm　　1/32
字　　数：150千字　　印　　张：7
版　　次：2019年7月第1版　　印　　次：2019年7月第1次印刷
书　　号：ISBN 978-7-5168-2379-8

定　　价：36.80元